Following the Water in Kagoshima

鹿児島の水を追いかけて

鹿児島大学重点領域研究「水」グループ 編

南方新社

第1章　鹿児島の水を利する

口絵1.1　開聞岳から望む南薩畑地帯と池田湖（写真奥は錦江湾）

口絵1.2　ヒートパルス法と秤量法の比較実験
（左：温室内での実験状況，
右：サトウキビ茎へのヒートパルス
プローブ装着状況）

第2章　沖永良部島とフィリピンの溜池利用

口絵2.1　沖永良部島住吉クラゴーの水源

口絵2.2　沖永良部島の溜池、松の前池

口絵2.3　ブラカン州のSWIP

口絵2.4　SWIP（小規模貯水池プロジェクト）で灌漑された水田

口絵2.5　Gen. Malvar水利組合の表彰状

第3章　渓流水・湧水から土砂災害を予測する

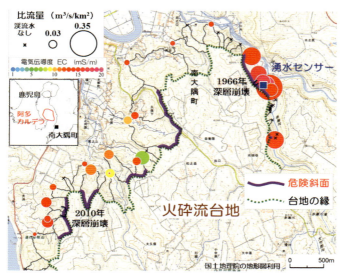

口絵3.1　鹿児島県南大隅町の火砕流台地における地下水が関与した崩壊発生危険斜面の抽出例

口絵3.2　鹿児島県南大隅町の火砕流台地における湧水センサーの設置状況

第4章　豪雨によって生じる水害とその対策

口絵4.1　洪水警報の危険度分布
　　　　（気象庁リーフレット「洪水警報の危険度分布の活用」より抜粋）

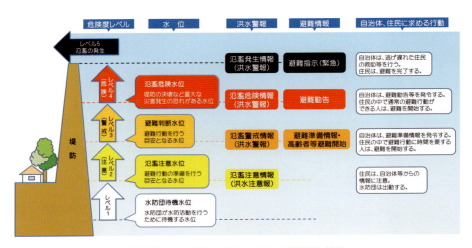

口絵4.2　河川水位のみで判断がなされる場合の河川の水位と各種警報・情報
　　　　（さつま町防災マップを参考に作成）

第5章　水と生活

口絵5.1　輝北ダムのアオコ

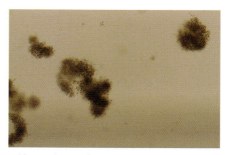

口絵5.2　輝北のダムのアオコを形成する生物の顕微鏡写真：ラン藻の一種
（ *Microcystis aeruginosa* ）

口絵5.3　送水管のなかのアオコ
（松山貴幸氏提供）

口絵5.4　畑作灌漑用のスプリンクラーの目詰まり
（松山貴幸氏提供）

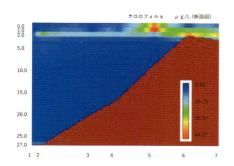

口絵5.5　2014年5月におけるクロロフィル濃度の鉛直分布

口絵5.6　輝北ダムのアオコの中に茶色の航跡

鹿児島の水を追いかけて
Following the Water in Kagoshima

はしがき

　水は，私たちにとって，生命の維持や産業の発展になくてはならないものですが，時として豪雨や洪水などの大きな脅威にもなります．地域を巡る水に関して，平成26年に，日本における水の憲法ともいえる「水循環基本法」が制定され，健全な水循環の維持と回復という目標が設定されました．近年の水に関わる課題は，対象地域固有の環境要因と人為的な影響を含めた複雑系の中にあり，学際的に取り組み，多様な視点で対応することが必要となっています．

　鹿児島大学重点領域研究「水」プロジェクトは，「水の未来を考える〜地域における人と自然と水の関わり〜」の視点から，南九州食料生産基地における農業の水利用や水資源管理，火山地域の水の流れ，豪雨地域の土砂・洪水災害，および水環境劣化など，鹿児島特有の水に関わる課題に対して，学内で組織した学際的研究体制のもと研究を推進し，地域の課題解決に貢献することを目的としています．まず，課題「水資源と利水」では，鹿児島の特徴的な水資源である池田湖や島嶼地下水に関する課題を把握し，農業水利学的検討を行いました．また，島嶼域小規模溜池の農業利用に関して社会経済的考察を加えてきました．次に，近年の気候変化に伴い，記録的な豪雨が各地で発生し，大規模な土砂・洪水災害が目立っていますが，課題「水と災害」では，鹿児島特有の降水の流出機構を明らかにするとともに，大規模な土砂災害を引き起こす深層崩壊の発生箇所の予測や警戒対応に関する理工学的研究を推進してきました．さらに，課題「水と生活」では，湾やダム湖における赤潮やアオコ問題に関する検討を加えてきました．

　「水」プロジェクトの成果は，これまでに，(1) 平成25年11月の日本学術会議九州・沖縄地区会議学術講演会における『かごしまの水を考える —鹿児島大学「水」研究最前線—』，(2) 平成27年5月の『鹿児島大学重点領域研究シンポジウム —分野間連携の模索—』，および (3) 平成29年12月の『鹿児島大学重点領域研究「水」シンポジウム』において公表してきました．本書では，重点領域研究「水」グループ5名の研究に基づいて，第1章「鹿児島の水を利する」(農学系)，第2章「沖永良部島とフィリピンの溜池利用」(法文学系)，

第3章「渓流水・湧水から土砂災害を予測する」(農学系),第4章「豪雨によって生じる水害とその対策」(工学系),および第5章「水と生活」(水産学系)と題して取りまとめたものです.鹿児島地域の水に関わる課題に対して,農,工,水産,人文社会科学的アプローチにより取り組んだ本プロジェクトの意義は高く,成果は地域の課題解決に寄与するものです.今後の波及効果は大きいものと考えます.本書『鹿児島の水を追いかけて』を通じて,著者らが長年探究した鹿児島の水の出来事を,多くの方々に紹介できれば幸いです.

　最後に,重点領域研究「水」プロジェクトの展開において,種々のご支援をいただいた鹿児島大学学長ならびに研究担当理事に心から感謝するとともに,本書の執筆・出版にあたっていろいろとお世話いただいた出版社南方新社の関係各位にお礼申し上げます.

　　　　　　　　平成31年1月31日
　　　　　　　　鹿児島大学重点領域研究「水」グループを代表して
　　　　　　　　　　　　　　　　　　籾井和朗

目 次

はしがき ……………………………………………………………………………… 3

第1章 鹿児島の水を利する　　　　　　　　　　　　　　　　　　　籾井和朗

    1. はじめに ……………………………………………………………………… 7

    2. 農業用水資源としての池田湖の水 ………………………………………… 8

    3. 鹿児島県島嶼域サトウキビの蒸散量と農業水利 ………………………… 22

第2章 沖永良部島とフィリピンの溜池利用　　　　　　　　　　　　西村　知

    1. はじめに ……………………………………………………………………… 36

    2. 沖永良部島の溜池利用 ……………………………………………………… 37

    3. フィリピンの溜池灌漑 ……………………………………………………… 47

    4. 溜池の効率的な利用に向けて ……………………………………………… 61

第3章 渓流水・湧水から土砂災害を予測する　　　　　　　　　　　地頭薗　隆

    1. はじめに ……………………………………………………………………… 64

    2. 地下水が関与した崩壊による土砂災害 …………………………………… 65

    3. 渓流水・湧水を活用した崩壊予測 ………………………………………… 68

    4. 崩壊発生の予測事例 ………………………………………………………… 74

    5. おわりに ……………………………………………………………………… 81

第4章　豪雨によって生じる水害とその対策　　　　　　　　安達貴浩

　　1. はじめに …………………………………………… 83

　　2. 豪雨, 河川, 水害の基礎知識 ……………………… 83

　　3. 過去の水害や豪雨災害 …………………………… 88

　　4. 豪雨災害に対する法体系と行政の対応 ………… 92

　　5. 洪水防御計画の概要 ……………………………… 96

　　6. 外水氾濫や内水氾濫を防ぐためのハード対策 … 98

　　7. 洪水による被害軽減のためのソフト対策 ……… 107

　　8. 水害時に避難しない理由 ………………………… 114
　　　　～川内川流域を対象とした調査研究の事例～

　　9. 水害時の実際の避難行動と避難勧告等のあり方について ……… 123

　　10. 豪雨前後の心得 …………………………………… 126

第5章　水と生活　　　　　　　　　　　　　　　　　　前田広人

　　1. はじめに …………………………………………… 131

　　2. アオコの話 ………………………………………… 132

　　3. 赤潮の話 …………………………………………… 155

　　4. おわりに …………………………………………… 167

執筆者紹介 ………………………………………………… 171

第 1 章
鹿児島の水を利する

1. はじめに

　20 世紀後半から 21 世紀初め，著者が水資源研究と対峙した 1980 年代から 2010 年代の約 40 年間において，水に関する多くの書籍が出版されているが，特に，以下の 4 冊から多くの示唆を得た．
　　1)「水を考える」九州大学公開講座（1986）
　　2)「水―その学際的アプローチ」学振選書（1992）
　　3)「水と人の未来可能性―しのびよる水危機」地球研業書（2009）
　　4)「水の未来―グローバルリスクと日本」岩波新書（2016）
　まず，「水を考える」（九州大学公開講座委員会 1986）の「地球の生物と水―エントロピー的な視点からの考察―」の中で，勝木渥氏は，「地球には地表と上空との間での大きな水循環が存在しているが，この水循環こそが地球上の生物の発生・存続を可能ならしめた基本的な機構である」と述べている．水循環が地球のエントロピー廃棄機構であると指摘している．次に，「水―その学際的アプローチ」（楣根ほか 1992）のはしがきの「水は生命を維持するために不可欠のものであり，産業の発展や社会生活にとって貴重な資源である」では，我々は，日常，貴重な水の存在を意識せずに生活しており，資源としての水の重要性を再認識することができる．これらは，水資源研究を行う上での重要な研究背景である．また，「水と人の未来可能性―しのびよる水危機」（総合地球環境学研究所 2009）では，21 世紀型の水をめぐる人と自然の相互作用が論じられており，資源としての水，利する水，巡る水に関する新たな研究の視点を得た．近年，「巡る水に夢をのせて」（籾井 2012）に，著者の水循環・水資源研究の歩みを要約した．最後に，「水の未来―グローバルリスクと日本」（沖

2016）では，水・エネルギー・食料のつながり（Food-Energy-Water Nexus）を考える契機となった．21世紀の重要課題として，水，エネルギー，健康，農業，生物多様性という5つの課題が挙げられるが，特に，農業と密接な関係にある食料，そして水，エネルギーは，我々人類にとって貴重な資源である（総合地球環境学研究所 2017）．現代社会において食料・エネルギー・水は，複雑な相互関係にあり，この貴重な資源を効率的に利用し，かつ保全することが求められている．このように，20世紀後半から21世紀初めの水研究背景の変遷の中で，多くの研究成果が世界中で蓄積され，継承されている．

　さて，著者が主に担当する教育研究分野に，農業水利学がある．農業における水利用計画や水管理を実際に行う技術者が，大学において専門科目として学ぶ．水と農業農村の関わりについて理解することができる．最近では，水環境との関係が重要視されており，農業用水の水質や農業由来の環境負荷物質の環境中での動態についても学ぶ．富山和子（1974）は，その先駆的な著書の中で，農業の近代化とともに，効率化のために水と土は分離され，水はパイプラインで運ばれ，農地は生産工場に変質，日本の国土の環境は一変していくと，経済成長期の1970年代に早くも警鐘を鳴らした．高生産性農業の展開や効率的な水利用技術を学んでいた当時の著者にとっては，この書物は衝撃的であった．農業における水利用や水管理は，地域の生産環境や農業生態系（Agricultural Ecosystem）と密接にかかわっている．農業生産のためだけの農業用水ではなく，水資源涵養機能，気象緩和機能，ビオトープ機能，親水空間形成，水質保全などの農業用水の多面的役割に十分に配慮した水利用の展開が重要となる．

　第1章では，農業水利学分野における水を対象に，ⅰ）鹿児島県薩摩半島南端にある池田湖の水利用，およびⅱ）鹿児島県種子島，沖永良部島の島嶼域における基幹作物サトウキビの水利用について，最新の著者の研究成果に基づいて解説する．

2．農業用水資源としての池田湖の水

（1）池田湖概要

　池田湖（口絵1.1参照）は，薩摩半島の南端に位置し，約5000年前の火山

活動によってできたカルデラ湖で，湖面積 10.9 km², 湖岸周囲約 15 km, および最大水深 233 m の九州で最深の湖である．透明度は，1929 年に 26.8 m の記録がある．近年では，6〜10 m で，冬季に比べて夏季に低下している．鹿児島県では，池田湖の水質を将来にわたって良好に保全するために，1983 年から水質環境管理計画をたて，汚濁物質量の削減に努めている（池田湖底層水質改善方策検討会 2017；奥田ほか 1991）．池田湖からの流出河川はなく，降水，流域流入，漏水，湖面蒸発に依存した湖水位変化となっていたが，1982 年以降に，国および県による南薩畑地灌漑事業により，池田湖近隣の馬渡川，高取川，集川の 3 河川水を池田湖に導水貯留し，必要時に放流して人工的に水位を調節するようになった．すなわち，池田湖を調整池として利用し，南薩畑地帯約 6000 ha の茶，野菜などの農業生産に大きく寄与している．

近年の池田湖は，表層から湖底に及ぶ湖水の鉛直循環が不十分なため，酸素を多く含んだ表層水が底層に供給されず，池田湖の底層は 1990〜2010 年の 21 年間，貧酸素状態にあった．湖水の鉛直循環とは，湖の表層水と深層水が混合されることをいい，表層から湖底まですべての範囲が混合される全循環と，表層からある水深までが混合される部分循環がある．ここでは，まず，池田湖の溶存酸素 DO（Dissolved Oxygen）のデータ（池田湖底層水質改善方策検討会 2017）に基づいて，近年の池田湖の鉛直循環について説明する．この貴重なデータは，鹿児島県が，2 ヵ月毎に，池田湖中央部において，水深 0.5, 15, 30, 100, 200 m に対して計測したものである．図 1.1 に，1977 年から 2013 年における水深 0.5, 100, 200 m の溶存酸素の変化を示す．図の上部に記載し

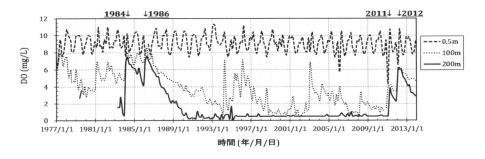

図 1.1　池田湖の溶存酸素の時間変化（鹿児島県の観測値に基づいて作図）

た1984,1986,2011,2012年は全循環発生年と推察される．池田湖の水深200 mの溶存酸素は1986年4月に7.6 mg/Lまで上昇しており，この年の冬季に全循環が発生したと推察される．1986年の全循環以降，水深200 mの溶存酸素は，徐々に減少し，1990年には0 mg/Lに近い状態となり，ほぼ無酸素状態となり，この状態が2011年1月まで継続した．2011年1月の平均気温が1987年以来最低の5.6 ℃となり，表層水の冷却に起因して鉛直循環が発生し，2011年2月中旬には全層一様な溶存酸素約4 mg/Lの鉛直分布となった．すなわち，全循環が，1986年以降25年ぶりに発生した．全循環発生直後，表層（水深0.5 m）のDOは再曝気により増加し，一方，深層のDOは，有機物の分解による酸素消費により減少を始めたが，引き続き2012年の冬季も，全循環が発生し，この時は，溶存酸素約6 mg/Lの一様な鉛直濃度分布となった．その後，2013年，2014年には全循環は認められず，再び酸素の供給が無い状態となり，2016年2月には水深200 mの溶存酸素は低下し，1 mg/L以下となった．なお，2017年以降についてはデータを確認していない．

図1.2には，2012年2月の全循環時の溶存酸素の時間変化を捉えた観測データと指宿地域気象観測所の日平均気温を示す．溶存酸素のデータは，科研費助成事業（籾井2013）で池田湖の研究を行っているとき，鹿児島県環境林務部

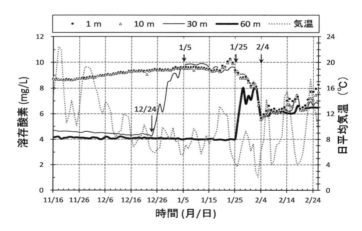

図1.2 2011年11月から2012年2月の池田湖中央部水深1, 10, 30, 60 mの溶存酸素（1時間サンプリング値の日平均値）および日平均気温（指宿地域気象観測所）の日変化

環境保全課および一般財団法人鹿児島県環境技術協会と連携して，池田湖の中央部に筏を設置し，水深1，10，30，60 m における溶存酸素の1時間サンプリング（ワイパー式光学 DO 計，JFE アドバンテック）を行い，獲得したものである．図には1時間サンプリングデータを日平均して示す．なお，水深10 m の DO の変化は，概ね水深1 m と同様である．

　まず，2011 年 12 月 22 日以降 2012 年 1 月中旬まで，気温が低下し，日平均気温 10 ℃以下（2012 年 1 月の平均気温 7.9 ℃）となり，12 月 24 日には水深 30 m の DO が上昇している．全循環前の水深 30 m の溶存酸素飽和度は約 40 % であったのに対し，2012 年 1 月 5 日には，表層から水深 30 m までの溶存酸素飽和度が概ね 90 %（DO=9.6 mg/L）になっている．次に，水深 60 m の DO が上昇を始めるのが，2012 年 1 月 25 日（日平均気温 4.3 ℃）であり，水深 30 m の DO の上昇から約 1 カ月後である．すなわち，水深 30 m から 60 m の間の DO の鉛直混合に，約 30 日の日数を要した．このように，池田湖の全循環は，数日で達成されるのではなく，徐々に進行し，1 カ月以上の時間をかけて，溶存酸素が深層まで一様化される．このような溶存酸素の動態の観測データは，池田湖に対して本研究で初めて示されたものである．さて，2012 年 1 月 25 日（1 月下旬）から 2 月 5 日（2 月初旬）までは気温がさらに低下する時期であり，特に 2 月 3 日は，冬季の最低日平均気温 2.1 ℃となった．図に示すように，表層 1 m の DO が最も低下（DO=5.7 mg/L）する 2 月 4 日に，水深 10, 30, 60 m の DO も概ね同じ値（5.6 mg/L）となり，湖底までの全循環が達成されたと推察する．この時の溶存酸素飽和度は約 50 % である．鹿児島県による DO の定期観測は，2011 年 12 月の次は，2012 年 2 月 20 日に行われており，この時は，表層 0.5 m で 6.6 mg/L，水深 30 m で 6.4 mg/L，水深 200 m で 6.2 mg/L であり，このデータからも，DO は概ね一様化されていることがわかる．以上，水深 200 m までの溶存酸素が一様化される池田湖の全循環は，冬季に表層から徐々に進行し，1 カ月以上の時間を要して達成される．特に，大気に近い湖水面近く（水深 1 m）の DO も，全循環時に，10 mg/L（2012 年 1 月 25 日）から 6 mg/L（2012 年 2 月 4 日）まで，10 日間ほどで減少し，表層から水深 200 m までの溶存酸素が一様化したことは興味深い現象である．毎年，1 月から 2 月の湖水温は約 11 ℃であり，水温を指標に，水温の変化から全循環を把握す

ることは困難であるが，湖水の DO は全循環の指標となる．今後，ここでの観測データに基づいて，湖水中の溶存酸素の動態に関する数値モデルを構築し，解析することで，池田湖の鉛直循環機構の詳細を明らかにできると考える．また，底層の無酸素状態が継続すると，底泥中の窒素やりんが溶出し，底層の水質悪化が生じる．このような状況において全循環が発生すると，底層域の窒素やりんが表層に供給され，湖水の富栄養化や畑地灌漑用水として水質問題が懸念される．国（九州農政局）および県（鹿児島県環境林務部，農政部）と協力して，農業水利としての池田湖（湖水）の管理ならびに池田湖の水環境の保全に関し，さらに研究を推進することが望まれる．

次に，池田湖の水および熱収支の概略を説明する．図 1.3 に，1983 年から 1999 年における池田湖の湖水位の日変化を示す．池田湖の湖面水位は標高 64 m 付近を上下に変化する．治水の観点から，湖水位が標高 66 m を超えると河川管理者（鹿児島県）により地域の河川に放流を行う．一方，農業用水としての湖水利用は，水利権により，標高 62 ～ 66 m と定められている．したがって，湖水位は標高 66 m を超えることなく維持されているが，低い水位としては，1997 年を除いて標高 62 m を下回ることはない．図に示すように 1997 年に初めて標高 62 m 以下の水位となり，農業用水としての水利用が行えない状況が発生した．南薩地域にとっては重大な農業用水不足となった．当時の新聞には，地域の小学校のプールの水を農業用水に利用する計画が掲載されたと記憶している．翌年，農林水産省南部九州土地改良調査管理事務所から池田湖水位低下の原因究明の要請があり，著者はこれを機に池田湖の水収支研究（地域課題解

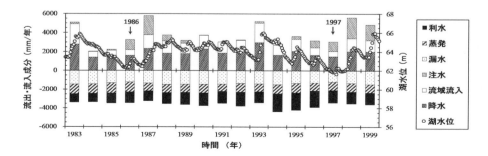

図 1.3　池田湖の湖水位と水収支

決型研究）を開始した．

　湖水位の季節変化を定量的に明らかにするには，水収支解析が必要となる．池田湖に流入する水量として，「降水量」，「流域流入量」，「注水量」がある．また池田湖から流出する水量として，「湖面蒸発量」，「漏水量」，「利水量」がある．池田湖への流入水量が流出水量より多ければ，湖水位は上昇し，逆の場合には，湖水位は低下する．湖水位の予測は，池田湖の水収支に関わるこの6要素を精度よく評価することに帰結する．以下では，この6要素の中で，湖面蒸発量に焦点をあてる．

(2) 湖面蒸発量

　湖水面から大気への水蒸気移動は直接目に見えないため，湖面蒸発量を精度良く評価することは難しい．液体の水（液相）が気体の水蒸気（気相）へ変わる相転移には潜熱が必要であり，潜熱量 lE（J/m²/s）に応じて蒸発量 E（kg/m²/s）=lE/l を求めることができる．ここに，l は単位質量の水の蒸発の気化熱で，温度に依存するが，概略 2.45 MJ/kg である．潜熱量の評価には，対象地域での放射収支と熱収支を明らかにすることが必要となる．図1.4に湖面における放射収支および熱収支を示す（社団法人農業土木学会 2000）．まず，短波放射として，太陽からの日射（太陽放射）S が大気で散乱，反射，吸収作用を受け，湖面に到達する．湖面では一部が反射される．水面での反射率（アルベド）は，

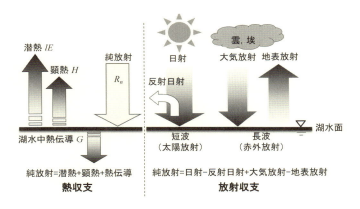

図1.4　湖面における放射収支および熱収支

太陽高度に依存するが,概略 0.06 である.また,長波放射には,大気中の水蒸気,埃,エアロゾルなどからの大気放射および湖面からの地表放射がある.したがって,湖面が受け取る純放射量 Rn は,これらの放射収支(図 1.4 の右図)により,一般に次のように表せる.

$$\text{純放射} = \text{日射} - \text{反射日射} + \text{大気放射} - \text{地表放射} \tag{1.1}$$

純放射量 Rn は,大気を暖めたり,蒸発のための熱として使われ,また湖水温の上昇に使われ,その結果,純放射量 Rn は,顕熱量 H,潜熱量 lE,および湖水中への熱伝導量 G に変わり,これらの消費されるエネルギーがバランスして,次のエネルギー保存則が成立する.

$$R_n = lE + H + G \tag{1.2}$$

上式が,熱収支式(図 1.4 の左図)である.蒸発量 E は,例えば,潜熱 lE に対する顕熱 H の比であるボーエン比 $\beta = H/lE$ を用いて,次のボーエン比法により推定することができる.

$$E = \frac{1}{l}\frac{R_n - G}{1+\beta} \tag{1.3}$$

上式の右辺の純放射量 Rn は,現地で観測,あるいは放射収支式の短波および長波放射を大気条件に基づいて推定する(籾井ほか 2002).また,ボーエン比 β は,湖面上の風速には依存せず,湖面上の 2 高度の気温 (T_1, T_2) と比湿 (q_1, q_2) に基づいて次式により算定する.

$$\beta = \frac{C_p}{l}\frac{T_1 - T_2}{q_1 - q_2} \tag{1.4}$$

ここに,C_p: 空気の定圧比熱である.ここで湖面上の 1 高度の気温 T_1,比湿 q_1 は,池田湖近隣の指宿地域気象観測所および枕崎特別地域気象観測所の過去の観測資料(気温,相対湿度)を利用することで,評価できる.実際には,湖面上の高さ 2m の気温と湿度を実測し,この値と近隣気象観測所の観測資料との相関により,湖面上の 1 高度(高さ 2 m)の気温 T_1,比湿 q_1 を推定した.ボーエン比法を適用するには,さらに,別の 1 高度の情報 (T_2, q_2) が必要となる.ここでは,大気から湖水中への日射の透過を考慮した熱輸送方程式を,湖面から湖底まで,差分法により数値解析し,その結果得られた湖面水温をボー

エン比法で用いる別の1高度の温度情報とした．すなわち，湖面上2 mの気温 T_1 と比湿 q_1，および蒸発面である湖面の水温 T_2 とその水温に対する飽和比湿 q_2 を用いて，式（1.4）からボーエン比 β を求めた．数値解析での鉛直方向の差分格子間隔は1mで，気象条件として，日単位での気温，湿度，大気圧，雲量，風速，日照時間の気象台資料（池田湖周辺の指宿および枕崎の過去の気象庁データ http://www.data.jma.go.jp/obd/stats/etrn/）を利用した．放射収支式の日射と大気放射も過去の気象データにより推定した（籾井ほか 2002）．ここでの数値解析では，式（1.3）の蒸発量の日変化を求めることが主目的であり，気温と湖面水温との差 T_1-T_2 が重要となる．

　図1.5に，2000年1月から2004年12月までの5年間（途中2003年に欠測あり）の湖面水温の数値解析による計算値（T_2）と観測値，および指宿地域気象観測所での気温，それぞれの日平均値を示す．数値解析では，湖面水温は湖水表面の水温である．図の観測値は，池田湖において，湖岸（口絵 1.1 の池田湖右側の尾下地区の岸）から約 150 m 離れた湖面に浮かぶ養殖筏（この場所での水深は約 60 m）において，深さ 0.2 m に水温計（HOBO Water Temp Pro, Onset Computer Corp., USA）を設置し，1時間間隔で測定した値の日平均値である．両者は極めてよく一致している（籾井 2003；Momii & Ito 2008）．ここでの数値解析による計算値の観測値（データ総数 1547 個）に対する評価指標として，Nash-Sutcliffe 係数 Nash-Sutcliffe Efficiency Coefficient（NSE）=0.98，決定係数 Coefficient of Determination R^2=0.99，観測値に対する偏差 Mean Bias

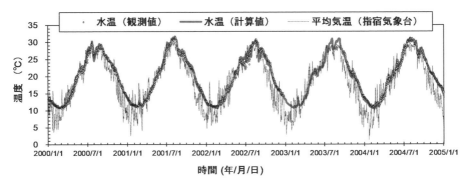

図 1.5　池田湖の湖面水温と指宿地域気象観測所の気温の日変化

Error (MBE) = − 0.022℃,および平均自乗誤差の平方根 Root Mean Square Error (RMSE) =0.65℃である.なお,数値解析の予測精度がより高いのは,NSE, R^2, MBE および RMSE の値が,それぞれ,1, 1, 0 および 0 に近い時である (Legates & McCabe 1999;Sahoo et al. 2013).

　湖は気候変化を写し取る鏡であるといわれているが,短期間の季節的変化に関しても,湖面上の大気条件(日射,大気放射,気温,湿度,風速)を反映した湖水温の季節変化(観測値の日平均値で,2000 年 2 月に最低水温 10.8 ℃,2001 年 8 月に最高水温 31.4 ℃)を再現している.観測値と比較して,湖面水温を高い精度で再現したことにより,湖面と大気間の熱輸送がよく評価されており,結果的に,湖面からの蒸発量の推定は妥当と考える.このように,計算水温が観測値と一致していれば,与えた気象条件,特に,与えた風速の値も正しいと考えられ,蒸発量も正しく計算されたと考える.池田湖の湖面上の風速観測値と湖周辺気象台(池田湖から東に約 7 km 離れた指宿地域気象観測所と,西に約 25 km の枕崎特別地域気象観測所)の風速の平均値に基づいて湖面上の代表的な風速としたが,ここでの検討結果からすると,少し離れていても,湖を取り巻くいくつかの気象観測地点の風速の平均値を与えることで,湖の水温を概ね再現できると考える(武田ほか 1992).

　図 1.6(a)には,1981 ~ 2005 年の 25 年間に対して数値解析により求めた式(1.2)

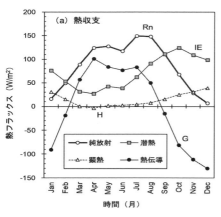

図 1.6(a)　池田湖の熱収支(1981 年から 2005 年の 25 年間の月別平均値)

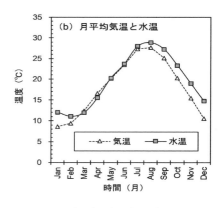

図 1.6(b)　池田湖の湖面水温と気温の月平均値

の熱収支の4要素（純放射 Rn，潜熱 lE，顕熱 H，湖水中熱伝導 G），および図1.6（b）には，湖面水温（計算値）と気温（観測値）の月平均値を示す．まず，月平均で，気温は，1月に最低8.7℃となり，その後，8月まで徐々に増加する．一方，湖面水温は2月に最低11.1℃となりその後8月まで上昇する．3月から7月までの気温上昇期における気温と湖面水温との差は小さく，大気－湖水面間の熱交換は小さくなり，顕熱 H は小さい．この時期は，熱伝導 G が最も大きく，純放射 Rn に対応して，湖は湖水中に熱を蓄える．この貯熱時期が終わると，深い湖の場合，熱容量が大きく，熱的慣性のため9月以降の気温の低下ほどには水温は下がらず，表面水温と気温差が大きくなる．特に12月において，湖面水温が気温より約4℃高い．この9月から2月までの放熱時期においては，湖水中熱伝導 G が負となり，湖水面が熱源となり，潜熱と顕熱により放熱されている．月単位の池田湖の潜熱の最大値123 W/m^2 は，気温の最も高い8月ではなく，10月に生じており，これは蒸発量136 mm/month に相当する．年平均蒸発量は，1981〜2005年の25年間の平均で，940 mm/year である．年平均降水量が1945 mm/year であり，約半分の量が，湖水面（液相）から水蒸気（気相）として，大気中へ戻っている．また，9月から11月の秋期3カ月間の蒸発量の合計は370 mm であり，池田湖の年平均蒸発量の約40％に相当し，水深の深い湖での蒸発量（潜熱量）の季節変化の大きな特徴である．年間を通じた熱収支は，純放射 Rn=85.9 W/m^2，潜熱 lE=71.8 W/m^2，顕熱 H=13.9 W/m^2，湖水中熱伝導 G=0.3 W/m^2 であり，熱収支 $Rn=lE+H+G$ が成り立っており，ボーエン比 β は0.19である．

以上，池田湖の水・熱収支解析により，次のことを明らかにした：

1）池田湖の潜熱は，気温が最も高くなる8月から約2カ月遅れて，10月に最大となる．すなわち，池田湖の湖面蒸発量の最大値は，気温の最も高くなる夏季（8月）ではなく，秋季（10月）に生じ，秋期の9月から11月の3カ月の蒸発量が，年蒸発量の約40％に相当する．

2）1981〜2005年の25年間における池田湖の年平均蒸発量は，940 mm/year であり，年平均降水量1945 mm/year に比較すると，降水量の約半分の量が，湖水面から水蒸気として，大気中へ戻る．

(3) 池田湖の水収支と水位変化

　図1.3（前出）に基づいて，池田湖の水収支と湖水位変化について述べる．図の下側が池田湖からの流出成分（蒸発，漏水，利水），上側が池田湖への流入成分（周辺河川からの注水，流域流入，降水）である．流入により湖水位は上昇し，流入に比べて流出が多い場合には湖水位は低下する．まず，1年間当たりの湖面蒸発量は，図の1983年から1999年において，最低値0.8 m (1991年)，最大値1.1 m（1985年），平均値0.92 mで，概ね一定で推移しており，大きな変動はない．池田湖での気温，湿度，日射，風速の年平均は大きく変化しないので，蒸発量は概ね0.8〜1.1 mの範囲にある．したがって，毎年，湖面から蒸発により約1 mの水が大気中に戻っていることになる．

　次に，湖水位低下の要素として，湖からの漏水がある．漏水量は湖水位に対応して変化し，湖水位の高い1988年に最大1.5 m，湖水位が低下した1997年に最低の1.2 mである．池田湖からの漏水は，湖周辺地下帯水層を流れ，周辺地域の清澄な湧水となる．池田湖から1 km程度離れた唐船峡では，1996年，国土庁（現在の国土交通省）の「水の郷百選」に選ばれ，一定水温の清涼で豊富な湧水を利用して，そうめん流しが行われている．湧水の水温が一定の約15 ℃に保たれているのは，池田湖の深層水の水温が1年を通じて概ね11 ℃に保たれているからと考える．漏水量はこの期間の平均で1.38 mであり，蒸発(0.8 m〜1.1 m)と漏水（1.2 m〜1.5 m）を合わせて1年間に約2 mを超える量となる．両者には大きな変動はない．また，池田湖の利水量は，上水道と水田・畑地灌漑のための取水量であり，最小値0.9 m（1983年），最大値1.9 m（1994年）である．年によって変動するが，主に，畑地灌漑における取水量（1983年の0.036 m/year，1994年の1.14 m/year）の年変動が大きい．なお，農業活動に由来する利水量は，南薩土地改良区中央管理所の利水量のデータを用いた．

　池田湖への流入成分である降水量には，池田湖から約7 kmの所にある指宿地域気象観測所の降水量の観測データを利用した．降水量は多い時に約3 m（1993年），少ない時に約1.4 m（1984年）であり，湖面蒸発量に比べて，変動が大きい．降水に伴い池田湖流域から池田湖に流入する量は，最小値0.6 m (1997年)，最大値2.1 m（1983年）である．一方，池田湖の農業用水資源管理とし

ての特徴として，周辺3河川からの人為的な注水がある．注水量の変動は大きく，0 m（注水を行わなかった年：1991 年，1994 年）～2.2 m（1998 年）の範囲にある．以上のことから，自然に出て行く水の量（蒸発，漏水）に比べて，池田湖に入ってくる水の量（降水，流域流入）の変動が大きい．

　池田湖の水収支解析に基づいて，特に，湖水位が最低となる1997 年，および2番目に低いが管理水位62 m を下回らない1986 年について考察する．まず，1986 年の年の初め，図1.3 に示したように，湖水位は低かったが，標高62 m より高い水位で回復している．1986 年の降水量1940 mm/year は，1984 年と1985 年と同様に年間2 m 以下であった．しかし，管理水位標高は62 m を下回ることなく，翌年1987 年の2 m 以上の降水および河川からの注水の両者により湖水位は回復した．一方，1997 年の降水量1828 mm/year は，1986 年より少なく，管理水位標高62 m を，僅かではあるが，下回った．湖水位が61.9 m になるのが，1997 年5月26日であり，その後9月5日に最低水位61.6 m になった．これは，8月の降水量が43 mm と，1983 年の8月の降水量33 mm に次ぐ少雨の月であったことが影響している．9月中旬以降には，9月の降水量575 mm により，62 m より高い水位に回復した．1986 年で管理水位を下回らずに回復した年の月単位の降水は，4月，5月，6月で，それぞれ236 mm，261 mm，412 mm である．一方，1997 年は湖水位が管理水位62 m に近づき，4月，5月，6月は降水量が1986 年に比べて少なく，それぞれ81 mm，110 mm，70 mm である．すなわち1997 年の4月～5月の2カ月の降水量の合計は約200 mm であり，1986 年の2カ月の合計の約500 mm に比べて半分以下であった．さらに，周辺河川からの池田湖への注水量が少なかったこと，および1986 年に比べて1997 年の水利用量は多いことから，年度初めの降水量が少ないという自然要因と水利用という人為的要因により，湖水位は低下し，管理水位62 m を下回る事態が生じたと推察する．ここでの検討事例は，本研究で新たに提案した池田湖の水・熱収支解析（Momii & Ito 2008）に基づくもので，今後の池田湖の水管理に役立てていくことができると考える．

(4) まとめ：池田湖の水～地域社会で共有する財

　池田湖の水・熱収支研究課題の核心をなす学術的問いは，「池田湖の湖面蒸

発量は果たしてどのくらいなのか？」,「季節および年単位で大きく変化するのか？」,および「どのようにすれば,過去に遡って,精度良く求めることができるのか？」であった.この問いを設定し,答えを導き出すことに,高い期待度（ワクワク感）があった.湖は長期の気候変化を写し取る鏡であり,身近にある池田湖という天然の実験装置に対して,現地観測から現在の池田湖の水温等の水質情報を抽出し,これをもとに,過去の水収支成分や湖水位変化を数値モデルで再現することができれば,将来の池田湖の水管理に役立てることができる.

まず,方法論では,湖水の水温の時間変化を再現するための数値モデルを構築し,数値解析プログラムを独自に作成し,湖面水温の観測値を高い精度で推定できることを明らかにした.この解析では,1980年以降数値解析で使用してきたFortran言語でプログラミングした.特に,日射の透過を大気・湖面境界に考慮し,熱伝導型偏微分方程式を陰形式差分解法で解析した.偏微分方程式を満たす表面水温の根を求めるのに,二分法を適用し,さらに三項対角方程式に対する解法にThomas法（杉江ほか1986）を用いた.比較的ロバストな数値モデルを構築できた.このような論の展開は,海外の研究論文の模倣ではなく,1980年代に乱流や地下水中での化学反応系溶質輸送の数値解析を学び,培った様々な「引きだし」から,ひとつずつ積み重ねていき,最終的には,ユニークな数値モデルとすることができた.過去に学び,先を見通す想像力が肝要となる.池田湖からの挑戦状「果たして,お前にこの問題が,解けるか!」に対して,現地観測と数値解析に基づいて,自分なりの答えが出せたことが痛快である.地域課題解決型研究の醍醐味である.ここで補足であるが,一般に,数値モデルでは,自然界の特定の現象を表現するためにあらゆる面で単純化や抽象化を図っている（地球環境工学ハンドブック編集委員会1993）.このため,著しく簡略化された数値モデルで,実際の池田湖の水循環や熱輸送過程を再現できるのかという指摘がある.ここでは過去の気象資料を活用して,過去に遡って池田湖の湖面蒸発量を評価することが最大の目標であり,その点は十分に定量化できたと考える.池田湖の溶存酸素ならびに水質変化機構については,今後の研究（池田湖底層水質改善方策検討会2017）に期待したい.

次に,「池田湖の湖面蒸発量は果たしてどのくらいなのか？」,および「季

節および年単位で大きく変化するのか？」に対しては，図 1.6 に示した．前述のように，池田湖の年平均蒸発量は 940 mm/year であり，年平均降水量 1945 mm/year に比較すると，降水量の約半分の量が，湖水面から水蒸気として大気中へ戻っている．また，季節変化に関しては，池田湖の月単位での湖面蒸発量の最大値 136 mm/month は，気温の最も高くなる夏季（8月）ではなく，秋季（10月）に生じることを明らかにした．日本列島の南端に位置する深い湖の池田湖の熱収支に関する知見は，世界の湖水文学研究の成果との比較において有意義と考える．

　最後に，「2. 農業用水資源としての池田湖の水」をまとめるにあたって，池田湖と地域社会とのかかわりについて述べたい．人と自然を結び付けているものに，水がある．水は，時として，豪雨・洪水により我々の脅威となるが，一方で，生命の維持や産業の発展のために不可欠な資源である．池田湖の水は，我々が自然から受け取ることのできる「自然資本」である（図 1.7 参照）．しかし，水が自然に存在するだけでは，我々は水を産業として利用することは難しい．雲を引っ張ってきて，「ここに雨よ降れ」とまでは，科学技術は発達していない．従って，何らかの形で水を利用するための変換システムが必要となる．農業の場合，このシステムは，農業水利システムといわれ，地域社会で共有する「社会資本」である．具体的には，貯水施設であるダムや河川からの取水施設である頭首工，調整池，ファームポンド，用排水路などの農業水利施設が相当する．さて，水と水利施設があれば水が円滑に使えるかというと，それだけではできない．水利用のための社会的なルールが必要となる．このルールを「制度資本」という．対象地域における複雑な水利用の秩序を保つには，水と人間の調和的な関わり方を可能にするルール（制度）が必要となる．例えば，河川から水を引く権利として，水利権が定めら

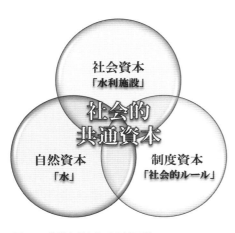

図 1.7　農業水利としての池田湖

ている．農業における水利秩序は社会資本，自然資本，制度資本が一体となり，その均衡の上に形成される．その意味で，農業水利は，典型的な「社会的共通資本」ということができる（丸山ほか 1998）．対象地域の農業水利は，地域社会の共通の財産であり，水利用に関わる行政（農林水産省や地方自治体）ならびに受益者（農家）によって組織された土地改良区（土地改良法によって認可される法人）により，専門的な知識，技術ならびに倫理観に基づき，管理，運営されている．日本では，土地改良区の働きがあって，農家にとって，末端圃場の給水栓をひねれば水が出ること，すなわち飲用の水道と同じ感覚で自由な水利用が可能となっている．このようなことから，池田湖の水は地域で共有する宝物であることを認識して，持続的な水利用を展開していくことが最も重要である．

3. 鹿児島県島嶼域サトウキビの蒸散量と農業水利

(1) はじめに

　食料（Food）・エネルギー（Energy）・水（Water）（ここでは，FEW と記す）は，人類にとって基本的な資源である．現代社会において，貴重な FEW 資源は複雑な相互関係にあり，FEW 資源を効率的に利用し，かつ保全することが求められている（総合地球環境学研究所 2017）．近年では，FEW それぞれのつながりの解明が，自然科学および社会科学の連携により検討されつつある．このような背景のもと，本研究で対象とするサトウキビは，農産物としてだけでなく，バイオエネルギーとしても注目を集め，食用作物（Food）と燃料作物（Energy）として位置づけられ，この貴重な資源を得るために必要な水資源（Water）とのつながりについて総合的な検討が始まったところである（Cabral et al. 2012）．蒸散量と収量は比例関係にあり，高い作物生産量を達成するには，高い蒸散量が必要となる（Momii 2016）．このためには，サトウキビに環境ストレスを与えない条件下で灌漑水管理を行うことが必要となる．また，燃料作物としてのサトウキビ生産の拡大は，今後，水資源保全への負の連鎖を引き起こすことが予想される．以上の最近の学術的背景に基づいて，本研究では，鹿児島県島嶼域の基幹作物であるサトウキビを研究対象として選定した．

従来，鹿児島県南西諸島から沖縄にかけての温帯，亜熱帯地域においては，基幹作物であるサトウキビの計画上の灌漑水量は 3 mm/d である．サトウキビの消費水量に関して，国内では，沖縄県宮古島のサトウキビに対して，ボーエン比法（式 (1.3) 参照）により，年平均蒸発散量約 3 mm/d が得られている．従来の灌漑水管理上の消費水量の値は，この数値に対応しているが，「サトウキビの消費水量として 3 mm/d は学術的に妥当な数値であるのか？」，および「異なる島嶼域気候・土壌条件で統一的に扱うことができるのか？」の学術的問いに，十分に応え得る学術論文は見当たらない．海外では，渦相関法による蒸発散量の評価は行われているが，圃場レベルでの蒸散量そのものに対するサトウキビの水利用について論じた研究は少ない．これは，圃場レベルで，土壌表面からの蒸発を分離し，サトウキビの実蒸散量を精度良く直接測定することが困難なためである．土壌面蒸発は農業水利学的には水の損失であり，サトウキビの収量に直接影響を及ぼす指標は，蒸発散（Evapotranspiration）ET ではなく，蒸散（Transpiration）T であり，蒸散量に基づいたサトウキビの水消費は十分に論じられていないのが現状である．

　本研究では，国内の島嶼域で一般的な面積 1 ha 未満の小区画圃場を対象とする．例えば，図 1.8 に，種子島と沖永良部島における対象圃場（google より引用）を示す．沖永良部島圃場（図 1.8 の右図）の点線枠の対象圃場に隣接す

種子島圃場　　　　　　　　　　　　　　沖永良部島圃場

図 1.8　種子島（左図，右下：農業開発総合センター熊毛支場建物）および沖永良部島（右図，下：実験農場建物）の対象圃場（図中の点線枠内）（https://www.google.co.jp/ より引用）

る左側の圃場は，高低差があり，2 m 程度高くなっている．すなわち，この地域は小区画テラス圃場となっており，さらに作付け作物が周囲で異なったり，あるいは裸地であったりするため，微気象的観測方法と推定法の適用が難しくなっている．また，小区画内では，圃場端と中央部で蒸散量が空間分布することが考えられる．本研究では，ヒートパルス法（作物の茎に熱パルスを与えて，熱の移動速度から茎内の水移動速度を測定する方法）(Momii 2016) を小区画圃場内サトウキビ 6 本に適用して，蒸散量を実測する．ヒートパルス法による実圃場における 1 カ月間連続したサトウキビ蒸散量測定はこれまで行われたことはなく，貴重な資料となる．以上のことから，本研究では，鹿児島県南北 600 km の島嶼域における基幹作物サトウキビを対象に，産業としてのサトウキビ生産の北限に位置づけられる国内の温帯気候域（北緯 30 度付近）の種子島圃場（火山灰土），および亜熱帯気候域（北緯 27 度付近）の沖永良部島圃場（琉球石灰岩風化土）において，対象圃場での気象・土壌特性，消費水量と個々のサトウキビの蒸散量を実測する．対象 2 地域での検討ではあるが，異なる土壌，気候条件下でのサトウキビの蒸散量そのものの圃場での値は，これまでに得られていない．本研究によるサトウキビの蒸散量と水消費に関する研究成果は，温帯域から亜熱帯域の国内のみならず，東南アジアや中南米のサトウキビ生産国における灌漑水管理に貢献することが期待できる．

(2) 試験圃場

試験圃場は，鹿児島県農業開発総合センター熊毛支場種子島圃場（北緯 30.731 度，東経 131.026 度），および鹿児島県大島郡和泊町実験農場沖永良部島圃場（北緯 27.390 度，東経 128.586 度）のサトウキビ圃場である．

まず，種子島圃場では，栽培品種は NiF8（農林 8 号）であり，栽培型は株出し（2016 年 3 月 29 日株出し管理）である．図 1.8 の左図の点線枠に示すように，試験圃場は 48 m × 31 m であり，その圃場内に 4.8 m × 4.8 m，面積 23.04 m^2 の観測対象試験区画を設定した．試験圃場の土壌は深さ 50 cm を境界とする 2 層に分かれており，上層は約 7300 年前に鬼界カルデラの噴火による黄橙色ガラス質火山灰が堆積した赤ほやであり，下層は同時に噴出した幸屋火砕流である．土壌水分量は，後述のヒートパルス法を適用する観測対象試験区画におい

第1章 鹿児島の水を利する

図1.9　土壌水分計設置状況（種子島圃場）

て，深さ5, 15, 25, 35, 50, 70 cmに静電容量型土壌水分計（GS1，METER Group, Inc., USA）を埋設し，1時間間隔で測定した．図1.9は土壌水分計の埋設状況を示す．上部（褐色部）が赤ほや，下部（橙色部）が幸屋火砕流である．土壌水分量の時間変化に基づいて，土壌水分減少法により，日消費水量を求めた．

種子島圃場の観測は，2016年8月12日より10月13日の期間実施した．圃場横に気象観測機器（VP-4, DS-2, DAVIS Cup Anemometer, PYR Solar Radiation, ECRN-100, METER Group, Inc., USA）を設置し，高さ2 mでの気温，湿度，風速および高さ1 mでの全天日射量，降水量の観測を行った．また，日照時間，降水量は，熊毛支場で常時観測されている気象データを活用した．現地観測において，9月3〜4日に台風12号，9月7に台風13号，続いて9月19〜20日に台風16号がそれぞれ接近し，このうち，台風12号は支場内で最大瞬間風速29.1 m/sを記録，サトウキビの多くは倒伏した．このように，作物を対象にフィールド研究を展開する農学では時としてデータが得られない（欠測する）ことがある．

次に，沖永良部島圃場では，種子島圃場と同様に，栽培品種はNiF8（農林8号）であり，栽培型は株出しである．対象圃場（図1.8の右図）は88 m × 26 mであり，その区画内に種子島と同様に観測対象試験区画4.8 m × 4.8 mを設定した．対象圃場の土壌は，琉球石灰岩風化土である．圃場横に気象観測機器を設置し気象データ（気温，湿度，風速，全天日射量，降水量）を観測した．観測期間は2017年7月15日から2017年9月10日である．

(3) ヒートパルス法

　作物個体の蒸散量の測定方法として，ヒートパルス法（Momii 2016）がある．ヒートパルス法とは，作物の茎にヒーターによりパルス状の熱（線熱源）を与え，茎内流に基づく茎内部の温度変化を，ヒーター上下に設置した熱電対により測定し，茎内流速を求める方法である．本研究では，測定対象サトウキビの茎内流に基づく熱パルスの移動速度を V（m/h）とすると，サトウキビの茎内流量 Q（m³/h）を次式により求める．

$$Q = aVA \tag{1.5}$$

　ここに，A：サトウキビの茎断面積（m²），および a は検定定数である．検定定数 a は，茎内に挿入したヒーターと2つの熱電対による通水阻害，茎とヒーターの熱伝導特性の相違，茎断面内での茎内流速の分布状況，および茎断面内における熱電対の設置位置（茎表面からの深さ）の相違などにより，観測対象作物で異なることが考えられる．よって，検定定数 a は，前述の種々の要因を包括した実験定数であり，予め，対象作物に応じた定数の値が必要となる．

　検定定数 a の値は，次の方法で決定した．まず，2016年7月2日～4日，宮崎県都城市南九州大学温室内において，ポット栽培のサトウキビ1本を電子天秤（分解能0.5 g）に載せ，ポット全体の水分減少の時間変化を電子天秤で測定（秤量法）し，この値と，式（1.5）の $a=1$ の場合のヒートパルス法による茎内流量 AV との値を比較した．なお，サトウキビの茎直径は22 mmであり，熱電対の設置位置は茎表面から茎直径の1/4の深さの0.55 cmである．口絵1.2に温室内での実験状況を示す．

　図1.10に，電子天秤による蒸散量の実測値（秤量法）と，検定定数 $a=1.3$ を用いて，式（1.5）により求めた茎内流量（ヒートパルス法）を示す．検定定数 $a=1.3$ は，「ヒートパルス法に基づく値（パルス移動速度 V ×茎断面積 A）」と「秤量法による蒸散量の測定値」との回帰直線の傾きにより求めた．両者は，蒸散量10～200 cm³/h の範囲で比較的よく一致し，検定定数 $a=1.3$ で妥当と考える．日積算蒸散量は，図に示す値であり，7月4日では1724 cm³/d である．後述の圃場群落内でのサトウキビの蒸散量（種子島での最大値560 cm³/d，沖

永良部島での最大値 1005 cm³/d）に比べて，温室内の単一個体のサトウキビの蒸散量は，大きい値（2～3倍）となった．この日の温室内の最高気温は時刻 13:30 に 42 ℃，日平均相対湿度 70 %，および飽差 1.75 kPa であった．

　ポット栽培のサトウキビに対しては，電子天秤を用いた秤量法は，未定の検定定数の決定に有効であるが，現地圃場では，ウエイングライシメーターなどの特殊な機材がない限り適用が難しい．ここではポトメーター法（茎からの吸水法）の適用可能性について検討した．まず，前述のポット栽培のサトウキビに対して，引き続き，7月4日の日没後，全ての葉を外側白色，内側黒色のビニールで被覆し，翌朝，ポット栽培サトウキビの茎第1節目で切断し，すぐに水に浸し，水中で茎を再度 2 cm 程度切断し，大気に触れないように注意して，水中で茎を大きさ直径 10 cm，高さ 20 cm 程度のガラス円筒内に移動させた．次に，被覆ビニールを取り除き，水で満たしたガラス円筒内の茎からの吸水量を 30 分間隔で実測した．この方法は，樹木の蒸散量を現地で評価する方法として利用されており，ここではポトメーター法と記す．同時に，継続してヒートパルス法による測定を行い，両者の比較から，検定定数 a =1.3 の値の妥当性を検討する．

　7月5日早朝に節第1節目で切断し，ポトメーター法を同一個体に適用した．図 1.10 の 7 月 5 日に示すように，ポトメーター法においても，秤量法において求めた検定定数 a =1.3 で茎内流量と蒸散量の良い一致を得た．

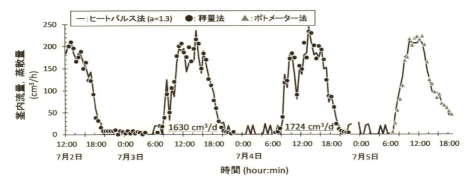

図 1.10　ヒートパルス法による茎内流量と秤量法による蒸散量の比較（2016 年 7 月 2 日～7 月 4 日）およびポトメーター法との比較（2016 年 7 月 5 日）

以上，ヒートパルスプローブの熱電対設置深さをサトウキビ茎表面から茎直径の1/4の深さの位置に設置した場合，検定定数 a =1.3 を選定することで，ヒートパルス移動速度と茎断面積との積に基づいて，妥当な茎内流量，すなわち蒸散量が評価できることを，ポット栽培のサトウキビに対して確認した．このように，本研究で適用するヒートパルス法は，例えば，ボーエン比法など微気象学的蒸発散量の推定法が適用しにくい非一様な小区画圃場において，作物個体からの実際の蒸散量の評価に有効である．

(4) 現地圃場の蒸散量

　対象区画のサトウキビの水深単位での日平均蒸散量 T（mm/d）は，式（1.5）の1時間単位の茎内流量 Q を1日積算した日単位の茎内流量 F(m^3/d) を求め，次に観測対象試験区画(4.8 m × 4.8 m)内で茎内流を測定したサトウキビ本数(6本)の平均により求めた．圃場の畝間間隔は1.2 mであり，試験区画内に4畝あり，1畝あたり1～2本のサトウキビ（合計6本）の茎第2節目にヒートパルスプローブを設置した．また，対象試験区画内のサトウキビの総数は，種子島では262本（2016年8月8日時点，平均茎直径23 mm），沖永良部島では224本（2017年9月12日時点，平均茎直径24 mm）である．蒸散量の平均値を求めるには，10本程度の茎内流測定が必要と考えるが，ここでは，データロガーの容量，熱パルス発生のための電源およびヒートパルスプローブの本数の制約から試験区画内の平均的な茎直径のサトウキビ6本を選定し実施した．6本の茎直径は，種子島圃場で2016年8月10日時点：No. 1=22, No. 2=23, No. 3=22, No. 4=23, No. 5=23, No. 6=23 mm，および沖永良部島圃場で2017年9月11日時点：No.1=24, No. 2=27, No. 3=25, No. 4=26, No. 5=27, No. 6=25 mmである．なお，茎直径はデジタルノギスで測定し，mm未満の数値は四捨五入した．

　図1.11に，種子島圃場（2016年8月12日～9月10日）での蒸発散位，ヒートパルス法による日平均蒸散量，および降水量の日変化を示す．ここで，蒸発散位は，現地気象データ（気温，湿度，風速，全天日射，日照時間，気圧）を用いてFAO（国連食糧農業機関）ペンマン・モンティース法（Momii 2016）により算定した基準作物（草丈12 cm，表面抵抗70 s/m，反射率0.23で，水

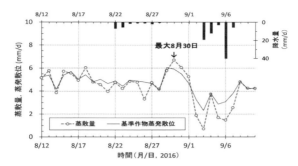

図1.11 ヒートパルス法による日蒸散量,気象データに基づく蒸発散位,および降水量の日変化(種子島圃場,日蒸散量の旬平均値:8月中旬5.1 mm/d,8月下旬4.8 mm/d,9月上旬3.1 mm/d)

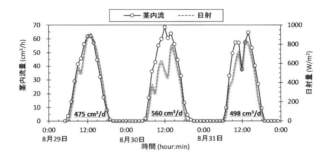

図1.12 観測期間内最大の日蒸散量時(2016年8月30日)における現地サトウキビ圃場のヒートパルス法による蒸散量と日射量の時間変化,および日積算蒸散量(種子島圃場,2016年8月29日〜31日の3日間)

分ストレスのない仮想的な草地)の可能蒸発散量である.8月12日以降,大気環境の変化に対応した蒸発散位の減少に対応して,蒸散量も低下傾向にある.8月12日から10月12日の総データ数62個に対して求めた基準作物蒸散位と蒸散量の相関(決定係数 R^2=0.92)は高い結果を得た.この期間の基準作物蒸発散位の最小値は2.3 mm/d,最大値は6.1 mm/dである.また,蒸散量の最大値は,8月30日に6.7 mm/dである.8月30日の土壌水分減少法から求めた日消費水量は4.6 mm/dである.蒸散量の方が大きいことから,有効土層内の水収支から判断すると,下層からの毛管上昇により水分が補給されていると推察する.図1.12に,8月29,30,31日の茎内流量と日射の時間変化を示す.日射の時間変化によく対応した茎内流量の時間変化となっている.試験

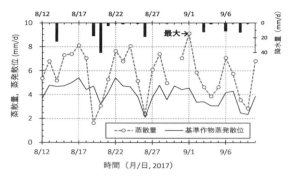

図 1.13 ヒートパルス法による日蒸散量，気象データに基づく蒸発散位，および降水量の日変化（沖永良部島圃場，日蒸散量の旬平均値：8月中旬 5.7 mm/d，8月下旬 6.1 mm/d，9月上旬 5.4 mm/d）

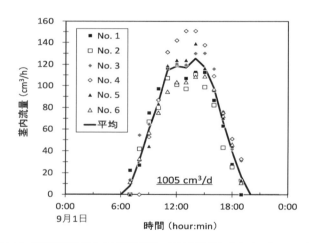

図 1.14 観測期間内最大の日蒸散量時の現地圃場サトウキビ 6 本のヒートパルス法による蒸散量の時間変化と日積算蒸散量（沖永良部島圃場，2017 年 9 月 1 日）

区画内のサトウキビ 6 本の観測値の平均を積算した日平均蒸散量の最大値は，8 月 30 日の 560 cm^3/d であり，単一個体（1724 cm^3/d）の約 1/3 となった．なお，ここでの水深単位の蒸散量は，観測対象試験区画（4.8 m × 4.8 m）内において，サトウキビ 1 本が支配する土地面積当たりの値として算定した．

図 1.13 に，沖永良部島圃場（2017 年 8 月 12 日～9 月 10 日）での基準作物蒸発散位，ヒートパルス法による日平均蒸散量，および降水量（灌漑水量を含

む）の日変化を示す．種子島同様に基準作物蒸発散位は，時間の経過とともに減少傾向にあり，この期間の最小値は 2.1 mm/d，最大値は 5.4 mm/d である．一方，蒸散量は減少傾向を示さず，種子島に比べてサトウキビが 8 月以降も生長しており，9 月 1 日に最大値 9.1 mm/d となった．8 月 12 日から 9 月 10 日のデータ数 30 個に対して求めた基準作物蒸発散位と蒸散量の相関（決定係数 R^2=0.52）は低い結果となった．両者の低い相関は，土壌水分が減少し，大気蒸散要求に応じた蒸散量とならず，小さな蒸散量（例えば 8 月 19 日）となったこと，およびサトウキビの生長に伴い蒸散量が増加したことに起因している．9 月 1 日の土壌水分減少法から求めた日消費水量は 6.4 mm/d であり，種子島同様に，有効土層内の水収支からは，下層からの毛管上昇により水分が補給されていると推察する．図 1.14 に，蒸散量が最大となる 9 月 1 日の蒸散量の時間変化を示す．図中の実線はサトウキビ 6 本の観測値の平均である．この日の日平均蒸散量は，1005 cm^3/d であり，単一個体（図 1.10）の約 1/2 となった．

(5) まとめ：種子島と沖永良部島の事例

　作物の蒸散量の精度よい評価は，農業用水資源の管理ならびに水の生産性の把握から重要である．研究対象地域の 1 つである鹿児島県沖永良部島では，農林水産省により農業用水資源確保のため地下ダム建設が行われ，基幹作物の日灌漑水量 3 mm/d を基準に計画されている．灌漑水量の僅かな差がダム貯水容量に大きく影響するため，対象地域と作付け作物に応じた適切な灌漑水量の値が求められる．本研究では，島嶼域を含む鹿児島県南北 600 km の対象地域の中で，種子島と沖永良部島の 2 カ所を対象に，灌漑水量の基礎資料となる島嶼域の基幹作物サトウキビの蒸散量について，ヒートパルス法を用いた現地観測に基づいて検討を加え，次の成果を得た：

　1）作物の茎に熱パルスを与えて，熱の移動速度から茎内の水移動速度を測定するヒートパルス法をポット植えサトウキビに適用し，ヒートパルス速度 V に基づくサトウキビ蒸散量 $T=aVA$（A：茎断面積）を求めるための検定係数 a として，a =1.3 が妥当であることを明らかにした．ポトメーター法の適用では，検定係数 a =1.3 で，茎内流量を比較的よく測定できることを実証した．

　2）種子島圃場（北緯 30.731 度，観測期間 2016 年 8 月 12 日〜10 月 12 日）

では，2016年8月30日（飽差1.47 kPa，日平均相対湿度57 %，全天日射量18.4 MJ/m²/d）における圃場群落内のサトウキビ1本からの蒸散量の期間最大値は，560 cm³/d（水深単位で6.7 mm/d）であった．一方，沖永良部島圃場（北緯27.390度，観測期間2017年7月16日～9月10日）では，2017年9月1日（飽差1.37 kPa，日平均相対湿度68 %，全天日射量21.7 MJ/m²/d）に期間最大値1005 cm³/d（水深単位で9.1 mm/d）であった．両圃場において，観測期間内の飽差が最大（日平均相対湿度は最低）となる日に蒸散量が最大となった．8月下旬の蒸散量の平均値は，種子島（2016年）で4.8 mm/d，沖永良部島（2017年）で6.1 mm/dであった．

　鹿児島県島嶼域現地圃場を対象に，サトウキビ蒸散量の具体的な値を気象条件と比較して示したものはなく，今後のアジアモンスーン域における島嶼域サトウキビ蒸散量の比較参照値として有用である．一方，温室内の単一個体ポット植えサトウキビの蒸散量は，1724 cm³/dに達した．この単一個体の値に比べて，圃場群落内のサトウキビの蒸散量は，観測期間内の最大値でも，1/3～1/2程度の値となった．単一個体に比べて圃場群落内の蒸散量が小さくなる結果は，予想されることではあるが，フィールドサイエンスとしての農学の重要性がここにある．

　本研究では，鹿児島県島嶼域における基幹作物サトウキビを対象に，産業としてのサトウキビ生産の北限に位置づけられる温帯気候域の種子島圃場および亜熱帯気候域の沖永良部島圃場において，「実圃場のサトウキビの蒸散量がどの程度になるか？」に対して，ヒートパルス法に基づく茎内流計測技術を駆使して研究を展開した．観測年は異なるが，種子島圃場サトウキビ群落（2016年8月下旬から9月上旬）内の蒸散量の最大値は，500 ccペットボトル1本程度であり，一方，沖永良部島圃場（2017年8月下旬から9月上旬）の最大値は500 ccペットボトル2本程度となった．さらに，宮崎県都城市温室内（2016年7月上旬）の単一個体のサトウキビの蒸散量が1800 ccペットボトル1本に相当した．種子島および沖永良部島の小区画圃場の蒸散量自体の定量的把握ができたこと，および最大値に相違が出たことは興味深い．これらの相違の理由を明らかにするにはさらに研究を継続する必要がある．一方，年間の灌漑計画を立てる場合には，経験的には，下層からの毛管補給を考慮すると，現行の平

均 3 mm/d の灌漑水量で妥当と思われるが，今回の観測結果が示すように，夏季の大気蒸散要求が高い時期には，サトウキビの蒸散量を十分に補完する灌漑水量で圃場水管理を行うことがサトウキビの収量安定化に必要と考える．なお，本研究は，土壌水分動態に関しては鹿児島大学肥山浩樹准教授，ヒートパルス法の適用に関しては東海大学竹内真一教授との共同研究（科学研究費基盤研究（C）2018〜2020年度）における成果であることを付記する．

　研究テーマとして「鹿児島の水」を追いかけて，1995年以来，四半世紀になる．特に，農業用水資源としての池田湖の水収支，島嶼域海岸地下水の塩水化，地下ダムと海水侵入制御，鹿児島地域における農地からの降雨流出，および島嶼域サトウキビの蒸散量は，行政（九州農政局，南部九州土地改良調査管理事務所，鹿児島県農政部農地保全課，鹿児島県環境林務部環境保全課，鹿児島県大島支庁徳之島事務所，沖永良部事務所，鹿児島県農業開発総合センター熊毛支場，沖永良部和泊町実験農場），一般財団法人鹿児島県環境技術協会，地域住民（池田湖観測用ボート），鹿児島大学重点領域研究「水」（平成25年度〜平成30年度），文部科学省科学研究費基盤研究（「海岸地下淡水資源保全のための海水侵入制御メカニズムとモデリング」（平成19年度〜平成21年度），「気候変化が地域農業用淡水資源としての湖水環境に及ぼす影響評価」（平成22年度〜平成24年度），「地域温暖化傾向が農業用水資源としての湖水質変化に及ぼす影響解析」（平成25年度〜平成27年度），「島嶼域サトウキビの蒸散量と土壌水分消費に関する実証的研究」（平成30年度〜平成32年度））等の多くの支援を得て，達成できたものである．現地観測や室内実験を実施する上で設備備品や実験・観測用資材が必要となるが，経済的支援の下で，研究成果を国際的に高めることができ，インパクトの高い専門学術誌に発表することができた．関係各位にここに記して感謝する．さらに，鹿児島大学農学部利水工学研究室で，未解決の課題解決に向かって，一緒に切磋琢磨した学生に心から感謝する．

（籾井和朗）

参考文献

池田湖底層水質改善方策検討会（2017）池田湖の底層水質の改善方策に係る報告書．

鹿児島県環境林務部環境保全課:1-68

沖大幹（2016）水の未来—グローバルリスクと日本．岩波新書，岩波書店

奥田節夫・倉田亮・長岡正利・沢村和彦編（1991）理科年表読本「空から見る日本の湖沼」．丸善

榧根勇ほか（1992）水—その学際的アプローチ．学振選書4，日本学術振興会，丸善

九州大学公開講座委員会（1986）水を考える．九州大学公開講座16，九州大学出版会

社団法人農業土木学会編（2000）農業土木ハンドブック（基礎編）．丸善：48-49

杉江日出澄・岡崎明彦・足達義則・尾崎正弘（1986）情報処理教育FORTRAN77による数値計算法．培風館

総合地球環境学研究所編（2009）水と人の未来可能性—しのびよる水危機．地球研叢書，昭和堂

総合地球環境学研究所（2017）総合地球環境学研究所要覧：18–19

武田喬男・上田豊・安田延壽・藤吉康志（1992）水の気象学．東京大学出版会

地球環境工学ハンドブック編集委員会編（1993）地球環境工学ハンドブック．オーム社

富山和子（1974）水と緑と土（伝統を捨てた社会の行方）．中公新書（2010年7月25日改版発行）

丸山利輔・中村良太・水谷正一・渡辺紹裕・黒田正治・豊田勝・荻野芳彦・中曽根英雄・三野徹（1998）水利環境工学．朝倉書店

籾井和朗・長勝史・伊藤祐二（2002）池田湖の放射量の推定．鹿大農学術報告 52: 1-8

籾井和朗（2003）池田湖の蒸発量の推定．水文・水資源学会誌 16 (2): 142-151

籾井和朗（2012）巡る水に夢をのせて．水文・水資源学会誌 25 (2): 69-70

籾井和朗（2013）科学研究費助成事業（科学研究費補助金（2010～2012））研究成果報告書：気候変化が地域農業用淡水資源としての湖水環境に及ぼす影響評価．https://kaken.nii.ac.jp/grant/KAKENHI-PROJECT-22380132/

Cabral, O. M. R. et al. (2012) Water use in a sugarcane plantation. GCB Bioenergy 4: 555–565

Legates D R, McCabe Jr. G J (1999) Evaluating the use of "goodness-of-fit" measures in hydrologic and hydroclimatic model validation. Water Resources Research, 35 (1):

233–241

Momii K, Ito Y (2008) Heat budget estimates for Lake Ikeda, Japan. Journal of Hydrology 361: 362–370

Momii K (2016) Agricultural Hydrology. Chapter 84, Handbook of Applied Hydrology Second Edition, Edited by Vijay P. Singh, McGraw Hill Education: 84-1–84-5

Sahoo G B, Schladow S G, Reuter J E (2013) Hydrologic budget and dynamics of a large oligotrophic lake related to hydro-meteorological inputs. Journal of Hydrology, 500: 127–143

第2章
沖永良部島とフィリピンの溜池利用

1. はじめに

　現在，フィリピンでは溜池などの小規模灌漑が農業生産の拡大，農民の所得増大において大規模灌漑を補うものとして注目されている．政府は，国の予算や外国，国際機関の援助を利用してこのプロジェクトをマルコス政権下の1980年代より進めている．この事業はSWIP（Small Water Impounding Project：小規模貯水池プロジェクト）と呼ばれる．この貯水池事業は，費用が抑えられるだけではなく地域の生態系への影響が少ない．技術的・理論的な面からこのインフラの普及に関わっている国際的ネットワークのWOCAT（World Overview of Conservation Approaches and Technologies）によれば，SWIPは次のように定義される．「SWIPは，堤防によって固められた放水路，用水路などの設備のある貯水池を意味する．雨季にできる限り雨水を貯めることによって土壌，水の保全・保護，洪水の管理を目的としている．流水の量とエネルギーを少なくすることによって，土壌とくに養分の高い肥えた沈泥の浸食作用を最小限にする．貯水池の水は農業や漁業にとっても重要な要素である．SWIP開発は包括的アプローチである．受益者となる農家は組合を組織化し，この灌漑システムの維持管理を行う」（WOCAT online）．このように，SWIPには多くのメリットがあるが，さまざま問題が障害となり多くの事例では順調に展開しているとはいえない．

　一方，日本は溜池灌漑の長い歴史を持つ．仏教僧である奈良時代の行基，平安時代の空海が，溜池の築造や補修を行ったという話が他の土木事業の話とともに各地に多く残されていることは知られている．水不足が深刻であった離島では，農業生産の拡大，生活用水の確保において，溜池の重要性は特に高かっ

た．しかし，現在では，地下ダムの建設によって多くの離島の水問題は軽減されている．この島を研究の対象とする理由は，溜池の数が多いことである．島民は，溜池を農業，生活に工夫しながら利用してきた．

本章は，沖永良部島の溜池利用を概観した後に，フィリピンで行われている溜池を中心とした小規模灌漑利用に関する現況について明らかにする．具体的には，SWIPの内容を紹介するとともに，筆者の現地調査によって得られたSWIP運営の問題点と展望について明らかにする．最後に，沖永良部島の溜池利用とフィリピンのSWIPを比較することに小規模灌漑の利用の運用における重要な点を整理し，沖永良部島の事例が今後のフィリピンの溜池の効果的な利用において示唆できる点についてまとめる．

溜池建設，効果的な利用のシステムが確立すれば，他の途上国に適用することができる．生態系，人々の暮らし，集落の社会の持続性を可能とするSWIPの水利用は，発展途上国のみならず世界中の国々にとっても重要である．日本の離島，フィリピンの事例が今後，持続可能な水利用のモデルの基礎となる可能性がある．

2．沖永良部島の溜池利用

(1) 沖永良部島の概要

沖永良部島は奄美群島の南西部にある．鹿児島県大島郡に属し，九州本島から南へ552 km，沖縄本島から北へ約60 km，北緯27度東経128度付近に位置する．和泊町と知名町の2町からなり平成24年（2012年）1月1日現在の和泊町人口は，男3495人，女3601人，計7096人である．知名町の人口は，男3366人，女3305人，計6671人で，両町の合計人口は1万3767人である．他の離島と同様に急激な人口流出，高齢化が社会経済問題となっている．

島は，東西に細長い柄杓のような形をしている．島の東側が和泊町であり，西側が知名町である（図2.1）．和泊町には，島の東の端に沖永良部空港がある．西部の大山には，沖永良部島分屯基地がある．

以下は，九州農政局による沖永良部島の農業に関する解説である（九州農政局 online）．四季を通じて亜熱帯性気候で，年間平均気温22.3 ℃，年間平均降

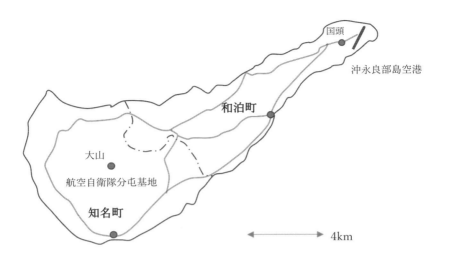

図 2.1 沖永良部島の地図

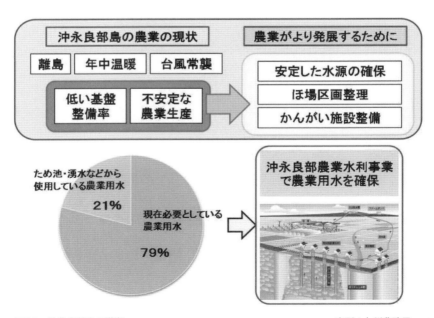

図 2.2 沖永良部島の灌漑　　　　　　　　　　　　　　　　出所：九州農政局

水量は約 1840 mm という温暖な気候と適度な降雨は，農業に適しており，島には赤土の畑が広がっている．島特産のばれいしょ（じゃがいも）やさとうきびの他，花開く南国の島のとおりテッポウユリやフリージアなどの球根栽培，キクやグラジオラスなどの花き栽培が盛んである．17 世紀に奄美大島に製糖の技術が普及し，沖永良部島には 1820 年頃にさとうきび産業として伝わったとされている．その後，薩摩藩による奄美諸島に対する経済政策は，黒糖（さとうきび）生産を軸に展開され，沖永良部島においてもさとうきび生産が拡大した．その後，第二次世界大戦に入ると，さとうきびの作付面積や産糖量は急激に減少した．1953 年（昭和 28 年）に奄美諸島が本土復帰した後は，奄美復興に向けた法整備により，さとうきびの生産力の増強が図られた．そして，さとうきびの品種改良や製糖技術の向上からさとうきび生産は発展してきた．テッポウユリは，元来，自生種（野百合）であったが，1899 年（明治 32 年）にイギリス人貿易商人バンティングにより見いだされ，ユリ球根栽培が開始された．1902 年（明治 35 年）にエラブリリーとして欧米に輸出を開始し，現在でもクリスマス等での必需品として多くの国に愛されている．テッポウユリは当時の貴重な外貨獲得手段となり，1911 年（明治 44 年）当時，植物輸出総額の 7 割がテッポウユリであり，鹿児島県産はその中でも重要な位置を占めていた．戦後，栽培技術の発展や流通ルートの確保などを通じて，切り花栽培が成長してきた．現在は切り花が主流となり，球根とともに島の主要な農作物となっている．

　安定した農業用水の確保が不可欠であるが，これまで沖永良部島の農業用水は，雨水，ため池等を利用してきたが，島全体で十分な用水をまかなうには不十分であった．そこで，沖永良部農業水利事業では，新たに地下水を利用する地下ダムを建設し，その水を畑作に利用できる施設を整備することにより，安定的な用水確保を可能にしている（図 2.2 参照）．

　農業以外では，沖永良部島の産業として重要なのが，焼酎産業である．島内には，沖永良部酒造，新納酒造，原田酒造などが黒糖焼酎を生産している（おきのえらぶ島観光協会 online1）．また，観光産業も重要であり，ダイビングやグラスボートなどのマリンレジャーをはじめ，鍾乳洞のケイビングなどのアウトドアスポーツ，芭蕉布体験などの郷土芸能体験が可能であり，多くの観光客

がこの島を訪れている．

(2) 沖永良部島の水利用・溜池

　前述の通り沖永良部島の農業用水の 79 % は，地下ダムから供給されているが，かつては，河川，暗川（クラゴー），溜池，湧き水によって確保されていた．本島の地表水はわずかしかなく，河川は二級河川の余多（あまた）川，奥川，石橋川の 3 河川のみである（九州農政局 online）．余田川（知名町余田付近），奥川（和泊町）は，町境に位置する．奥川は，和泊町の中心部の西郷南洲記念館付近から北に延びる川である（九州農政局 online）．クラゴーとは，地下河川を伴う石灰岩洞穴のことで，石灰岩層が発達している沖永良部島，与論島，徳之島南部で確認される．暗川が鍾乳洞や単なる石灰岩洞穴と根本的に異なる点は，水を得る水源地として利用されるだけでなく，地域の人々の社交の場としても利用されるなど，そこを中心とした地域コミュニティが形成されていることである（鹿児島県 online）．

　例えば，知名町のジッキョヌホーは，水道が完備される昭和 30 年代まで貴重な水源として，また集落民の交流の場として利用された（図 2.3）．平成の名水百選の一つでもある（おきのえらぶ観光協会 online2）．クラゴーは，ジッキ

図 2.3　ジッキョヌホー（筆者撮影）

第 2 章　沖永良部島とフィリピンの溜池利用

ョヌホーのようにアクセスが容易なものばかりではなく，同じく知名町の住吉クラゴーのように住民，特に女性や子供が危険で狭い洞窟の奥まで水を汲みに行くのは重労働であったものもある（図2.4）．先田（2013）は，和泊町の国頭（くにがみ）地区では，クラゴーを起点として集落が形成されたとしている．新たな集落を形成するためには，飲料水の確保が絶対条件であった．その後，人口が増えるにしたがって，周辺に井戸（島の言葉でミーヤチンチョ），溜池が建設され集落が広がっていったとする．（図2.5）は，国頭の集落がクラゴーの中心からフカマタ，ヤジヌマタに集落が発展していった様子が示されている．このように，沖永良部島では，沖永良部島の歴史は人と水との関りを中心として歴史が形成されてきたといえる．

　沖永良部島には数多くの溜池が存在する．現在では使われなくなったものも多いが，かつては農業用水，生活用水のための貴重な水源であった．かつて，沖永良部島においては，水不足がそれほど深刻でない地域と深刻な地域に分かれる．前者の地域は，町境の余田川や石橋川の周辺である．かつては米作の中心であった．後者は，島の東側に多い．特に和泊町国頭地区は深刻であった．筆者の聞き取り調査によると，国頭地区の人々は，十分な農業用水を確保できずないため米の生産が不足し，戦後の食糧難の時期には，海岸の岩で塩水を乾

図 2.4　住吉クラゴーについて（筆者撮影）

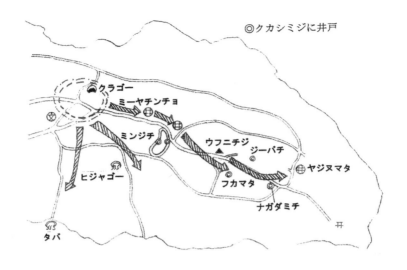

図 2.5 国頭地区のクラゴーを中心とした集落の形成　　　　出所：先田（2013）

図 2.6 沖永良部島の溜池（先田氏作成の資料を元に筆者作成）

燥させる手法で製塩を行い，塩と米とを物々交換していた．図2.6は先田氏が作成した沖永良部島の溜池の位置を示した地図を元に筆者がデジタル化したものである．島の東部，つまり国頭地区を含む和泊町により多くの溜池が確認される．

(3) 沖永良部島の溜池利用の歴史

現在の沖永良部島は，畑作が中心であるが，1970年代ごろまで米作が盛んに行われていた．図2.7は，1956年の島の土地利用を表したものである．町境の濃い色の部分は，水田である．島の中心部では稲作が盛んにおこなわれていたことがわかる．この地域は，余多川，石橋川など地表水に恵まれた場所である．島の東部でも水田地域が確認される．一部は，奥川の上流である．しかし，その他の地域にも水田が確認できる．これらは，溜池による灌漑が行われていた場所である．地表水が限られていた離島で，全島で米作が行われていたことは注目すべきことである．奄美群島復帰（1953年）以降は，島の人口が急激に増えたことにより食料不足が問題となり米作が盛んに行われるようになっ

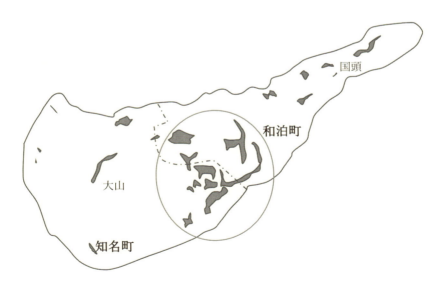

図2.7　昭和31（1956）年の沖永良部島の水田（先田氏作成の資料を元に筆者作成）

表 2.1 和泊町の溜池（和泊町誌編集委員会編 1984）

溜池名		築造年	満水面積 (m²)	貯水量 (t)	堤長 (m)	堤高 (m)	溜池名		築造年	満水面積 (m²)	貯水量 (t)	堤長 (m)	堤高 (m)
国頭	フカマタ池	明治以前	514	260	50	1.0	畔布	名川池	明治以前	2,600	4,500	150	2.0
	シバチ池		680	450	50	1.0		大当池	明治4年	使用不可能			
	耳付池		データなし	93,900	768	5.0	和	福辻池	明治以前	4,400	6,700	200	1.2
	与名沢池		829	680	100	1.5		新池		2,000	2,800	150	1.5
	安持池		2,235	3,220	150	3.0		前池		9,500	24,000	200	2.0
	新池	文久2年	2,330	3,450	150	2.0		伊池	明治4年	2,310	4,860	250	2.0
	伊ン玉池		2,722	2,330	160	1.0	玉城	東場池	明治以前	829	660	70	1.0
	伊池	明治以前	4,527	6,270	200	3.0		比那葉池		700	400	90	1.0
	平安潤池		2,999	2,780	100	2.0		当原池	嘉永3年	1,300	900	100	1.3
	前川	文久2年	3,880	5,650	200	3.0		福場池		2,300	1,800	50	1.5
西原	水府池	慶応元年	927	760	100	1.5	大城	伊知池	明治以前	2,800	5,000	100	1.5
	上原池		6,631	19,890	300	3.0		根皿池		2,100	2,300	100	2.0
	伊原池		4,080	3,700	130	3.0	根折	中池		2,100	3,800	80	2.5
喜美留	木場野池	明治以前	3,220	5,850	110	5.0		新池	昭和35,36年	3,100	13,000	100	4.0
	第2上原池		2,070	4,700	60	5.0	古里	運当池		998	350	100	1.0
	第3上原池		790	1,380	15	3.5		名里池		2,200	2,900	100	3.0
	入田池	元治元年	2,290	3,650	130	2.0	永嶺	前池	昭和34-38年	9,100	16,700	200	3.0
出花	池の当池		4,680	10,780	200	1.5	後蘭	松山池		35,130	39,600	100	4.4
	前池		4,483	8,250	200	3.0		田志木名池		2,000	4,000	100	2.0
	新池		2,494	3,490	150	2.0		川内池		3,500	3,400	150	2.0
	池鎌池	明治以前	5,154	12,950	280	3.0	瀬池	新池	明治以前	2,000	4,000	100	2.0
上手々知名	東池		2,830	4,910	50	4.0		新池		1,288	2,580	100	2.0
	中池		1,900	1,890	40	3.0	喜美留	第1上原池		4,570	7,260	24	4.5
	中村池		2,000	2,940	100	1.4	畔布	竹俣池		畑へ転作			
	前池		5,040	11,060	174	4.2	永峯	野当池					
	フイチヨ池	明治5年	800	470	70	1.5	和泊	メークブ池	明治2年				
畔布	東原池	明治以前	4,000	6,900	120	3.0	上手々知名	アナハタ池	明治5年	公用地へ転換			

た．そのため溜池の重要性が高まった．当時は，農業用水は，溜池から人力で汲み上げられることもあった．1959年頃から動力による汲み上げが導入されるようになった．1965年ごろからは，全国での米の生産が急激に伸び，コメ余りの時代となった．1972年からは，減反が政府の政策として推し進められるようになり，転作・休耕田奨励金が出されるようになった．それ以降は，沖永良部島での米作は衰退し，現在ではほとんど稲作は行われていない．

沖永良部島の溜池は，薩摩藩政期の17世紀より多く作られるようになり，第二次大戦後から1970年代初めまでは，貴重な農業用水源として利用された．

薩摩藩政期（1609年～1871年）以前の島の農業の中心は米作であった．しかし，薩摩半世紀になり，米以外にサトウキビ・サツマイモが作付けされるようになった．この時期に，年貢としての米の増産を目的として水田開発が行われ，数多くの溜池が新設された．表2.1は，和泊町史（1992年）に記された溜池に関する資料である（和泊町誌編集委員会編 1984）．この表によれば，54の溜池のうち52が明治期以前に作られたものであった．このように，沖永良部

島の溜池は江戸時代の新田開発によって多く使われ，奄美群島復帰から1970年ごろまでは重要な水源として利用された．江戸時代の溜池増設に関してさらに詳細にみていくことにしよう．

以下は，先田（2013）による和泊町の歴史に関する書籍から米作に関する内容を抽出し，まとめたものである．1609年に沖永良部島は琉球の王国の領土から薩摩藩の直轄地となった．1644年には生産高の調査が行われる．年貢としての米の生産増加が藩主より命令された．湿地には，新田開発，灌漑用の溜池が新設された．溜池は灌漑用のみならず，洗濯，水浴び，牛馬の飲み水にも利用された．新田開発によって，生産高が4158石より6400石に50％以上も増加した．

図2.8は，米作が行われていた当時の国頭地区の水田と溜池を示したものである．集落には，溜池が多く配置され，水田が広がっていたことが示されている．

溜池の農業用水としての利用は，人力による集落の人々の共同作業で行われていた．この詳細については，西村（1988）に詳細が記載されている．この文献を参考にして，引水，水の配分，水準標，水争いについてみていこう．

動力ポンプが導入される1950年代までは，溜池から湿田への引水は，人力によって行われていた．満水時は，イビと呼ばれる流水口の栓を開き，流水していた．この作業は，タテミジ（立て水）と呼ばれていた．しかし，水位が低い時は，少人数による手汲み，綱と桶を使った方法，大人数での汲み上げが行われた．手汲みは，ティクミヤギーとよばれ，3，4人が何百回，何千回と手桶リレーを行った．綱と桶の方式は，チナクミヤギーと呼ばれ，汲み桶に4本の手綱をつけて2人が要領よく操作しながら水を汲み上げ井堰の中に水を投げ入れられた．共同汲み上げでは数軒，数十軒が協力してして桶で水を汲み上げた．このように溜池からの取水は大変な重労働であり，水不足の時期には，集落をあげての大作業であった．

汲み上げた水の配分方法には，集落での争いが起きないように様々な工夫が施されていた．各溜池にはオイタマと呼ばれる小さな堰（配分堰）が設置されていた．前述のように，農業用水は，流水口（イビ）を通過して水田に引水されるが，水の量を均等に調整するために工夫が施されていた．水田を利用する

図 2.8　国東地区の水田と溜池（先田 2013）

人数に合わせて，配分堰（オイタマ）が作られた．溜池から離れた裾田（チビダー）まで溜池の水を流さなければならない場合には，第二，第三のオイタマが設置された．溜池の水が経由する田は，溝田（ニジュマシ）と呼ばれた．溝田は下々の裾田の水量を確保する義務があった．溝田の所有者は水田に細竹を立て，水準標（ミンダイ）を作り，水準標を常に監視していた．

　このように溜池の水は，まずは溜池に近い水田に流された．そして，さらに下流の水田にまで流されることもあった．溜池の水が均等に配分されるように水量が計測できる道具を使っていた．そして，水不足の時期には，溜池の水が集落の共同作業で汲み上げられた．沖永良部島の溜池利用は，集落の人々の知恵と互恵関係が生み出した制度であるといえる．

　しかし，この島で，水争いが全く起こらなかったわけではない．和泊町誌（和泊町誌編集委員会編 1984）には，石橋川の水の争いが記録されている．玉城集落で農業用水を引水していた後川で干ばつが起こった．集落住民は，石橋川の上流から農業用水を確保することを計画した．住民総出で用水路を掘った．もう少しで貫通という時に皆川集落と古里集落の住民がやってきて，「海で魚がたくさん取れる」とデマを玉城集落の住民に流した．作業をしていた玉城の住民はそのデマを信じて，作業を中断して海へ急いだ．工事現場は，もぬけの殻となってしまった．その間，皆川，古里の両集落の住民は，用水路を両集落につなぐ工事を行い，石橋川上流の水は石橋川を通過して皆川・古里へ勢いよ

く流れ，玉城の集落には向かわなくなってしまった（集落の位置関係は図2.9参照）．この出来事は，農業用水を川から引くことのできる比較的恵まれた場所で起きたことが興味深い．常時水不足が懸念される溜池灌漑地域で水を平和的に利用する工夫や文化が育まれたと考えられる．

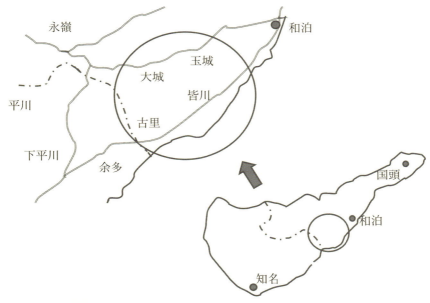

図2.9　水争いが記録されている集落（玉城，古里，皆川）

3．フィリピンの溜池灌漑

（1）フィリピンの小規模灌漑の概要

　フィリピンでは，1960年代中頃より，緑の革命と呼ばれる米の高収量品種の導入が始まった．冷戦期にフォード財団やロックフェラー財団が東南アジアの農業生産を高めると同時に農民の所得を増加させようとする目的でマニラ郊外のロスバニョス市に国際稲研究所（International Rice Research Institute: IRRI）が設立された．この研究所では稲の新品種を開発するとともにその普及に関連した研究も行われた．その結果，化学肥料に反応して高い単収を上げる

普及型の新品種，IR8 が 1960 年代に開発された．新品種は，伝統品種とは違い，茎が短く根を地中に深く張るという形質的な特徴も持っていた．茎が短いために，農業用水の管理は重要であり，灌漑施設の重要性は増した．灌漑施設の増設，管理は，政府の国家灌漑庁（National Irrigation Authority，略して NIA）が当たった．

1972 年には，マルコス政権下において大統領令 27 号により米作地，トウモロコシ畑を対象とした地主の農地を小作人へ配分する農地改革が開始された．これにより自作農は増え，農民の増産へのインセンティブが高まり，米の生産も順調に伸びた．しかし，河川やダムなどの灌漑に必要な水源へのアクセスが困難な米作地域は，高収量な品種の開発，農地改革の恩恵を十分に受けることができなかった．このような条件不利地域においては，農地改革の対象となったかつての小作人が地主からの金貸しや食料の提供などの恩情を求めて実質的には小作関係に戻る事例が多く発生したことも筆者の調査で確認されている．

このような，条件不利地帯の零細米作・畑作農における貧困対策の一環として，1980 年代，マルコス大統領政権は，限られた予算で可能な小規模灌漑プロジェクトを開始した．溜池や小川を拡張し，小型の農業用ダムを建設するというのがこのプロジェクトの内容である．このプロジェクトは，現在でも継続しており，増設のほか，2000 年代に入ってからは，老朽化した既存設備の改修が行われている．事業への予算は，政府の歳入以外に，各国政府や世界銀行（略して WB）やアジア開発銀行（Asia Development Bank，略して ADB）などの国際機関の援助を受けている．政府の管轄機関は，農業省（Department of Agriculture，略して DA）であり，その一部門である土壌水質管理局（Bureau of Soil and Water Management，略して BSWM）が担当部局である．フィリピンの灌漑は，NIA（国家灌漑庁）の管轄である中・大規模のものと，DA（農業省）傘下の BSMW（土壌水管理局）が管轄する SWISA（小規模灌漑組合）による小規模灌漑とに区分される．SWIP はこのうちのひとつである．

フィリピンの国土は，ルソン地域，ビサヤ地域，ミンダナオ地域の 3 つの地域（Region）に大別され，さらに 17 の地方（Region）に細分される（図 2.10）．それぞれの地方に，81 の州（Province）が存在する．州は市（City）と町（Municipality）からなり，市と町は最小自治単位のバランガイ（Barangay）

第2章　沖永良部島とフィリピンの溜池利用

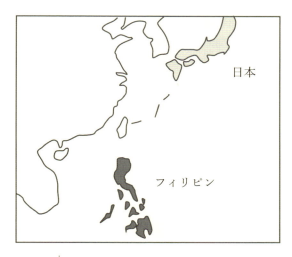

図 2.10 フィリピンの行政区

からなる．表2.2は，地方ごとの2014年現在に存在していた政府が管理するSWIPの数を示したものである．なお，この表には，15の地方のみが記載されている．ミマロパ地方とカラバルゾン地方が「地方4（Region Ⅳ）」に一まとめに表記されていること，SWIPの存在しないマニラ首都圏が記載されていないためである．2014年時点でのSWIPの数は551である．このうち，米作が盛んなルソン地域が352と，ビサヤ，ミンダナオ地域よりも多い．特にルソン島北部のカガヤン・バーレーが多いことが確認できる．ビサヤ地域では，この地域の重要な米作地域であるイロイロ州を含む西ビサヤに多くのSWIPが設置されている．

フィリピン農業省（Department of Agriculture）の土壌水質管理局（BSWM: Bureau of Soils and Water Management）の職員，マナンゴ（Manango）氏にSWIPの歴史について解説を受けた．このプロジェクトは，1980年に世界銀行の融資によってイロイロ州の6つのサイトで始められた．コンセプトはボホール島における農業技術者が行っていた溜池がベースとなっている．政府役人により1サイトにつき約100万ペソの費用が配分された．既存の池に取水口や排水路（spillway）を設ける比較的簡単な作りである．平均的な面積は1ha程度で，水深は8〜

表2.2 フィリピンの小規模灌漑（SWIP）の数（2014年現在）

地域	リージョン（地方）	SWIP数	
ルソン	コルデリア行政地区	29	352
	Ⅰイロコス	67	
	Ⅱカガヤン・バレー	175	
	Ⅲ中部ルソン	60	
	Ⅳカラバルゾン/ミマロパ	21	
ビサヤ	Ⅴビコール	34	98
	Ⅵ西ビサヤ	29	
	Ⅶ中部ビサヤ	15	
	Ⅷ東部ビサヤ	20	
ミンダナオ	Ⅸサンボアンガ	9	101
	Ⅹ北ミンダナオ	12	
	Ⅺダバオ	12	
	Ⅻソクサージェン	36	
	ⅩⅢカラガ	16	
	ムスリムミンダナオ地方	16	
全国			551

出所）フィリピン農業省土壌水質管理局
Bureau of Soil and Water Management, Department of Agriculture, the Philippine Government

10m である．SWIP とフィリピン灌漑庁（NIA）が管轄する大型の灌漑ダムの違いは，明確に定義されている．高度 15 m 未満の土地で，500 ha 未満の小規模貯水池が SWIP である（高度 15m 以上は NIA が管理する）．SWIP は，農業省の土壌水質管理局（BSWM）の管轄である．通常，NIA のダムは底がセメントで固められている大規模なものである．SWIP の貯水池の多くは，側面や底が土壌のままであり，取水口，排水溝のみがセメントを使った構築物である．このプロジェクトは，カブサカ（kabusaka: フィリピンの言葉で「豊かな農地」という意味）とも呼ばれる．現在では設備の老朽化が進んでおり，日本政府の援助（2nd ケネディ・ラウンド）などによって 2010 年以降，修復が開始されている．

　マルコス政権下の農業システム開発公社（Farm System Development Co.）が建設を担当し，農業省が技術支援を行った．建設後は，それぞれのサイトが，水利組合に移譲された．SWIP は，灌漑以外にも，組合員の農地における洪水被害削減，貯水池における養魚（ティラピア）などによる副収入をもたらすことが期待された．このような多元的な溜池利用の方法が政府の技術者によって組合員に伝えられた．1980 年に 6 サイトで始まったが，マルコス政権下で 1983 年には 16 サイトに増え，現在では全国に広がっている．SWIP が農業生産の向上，農民の所得増大につながるかどうかは，組合の運営にかかっている．組合員の灌漑費（irrigation fee）などが組合の原資であり，リーダーシップの成否の重要な要因である．組合の運営において何が重要であるかは後述する．

（2）SWIP（小規模貯水池開発事業）の概要

　SWIP は，建設年，規模，構造において多様である．表 2.3 は，BSWM が作成したイロイロ州の SWIP に関する資料の一部を抽出したものである．まずは，資金の出どころ（funding）であるが，農業省の BS-MA は，農業省（MA）の土壌水管理局（BSWM），WB は世界銀行を意味する．フィリピン政府が世界銀行と共同して進められたプロジェクトであることがわかる．表に示されている 3 つの SWIP はいずれもマルコス政権期の 1983 年に建設されている．Sta. Ana WIP の SWIP は，2012 年に改修されている．この資金の一部は，日本政

府の開発援助により支出されている．この表では，BSWM-2KR と表記されているが，2KR とは，1977 年度より，食糧増産援助としての特別の予算措置を講じて，農業資機材の供与するものである（外務省 online）．

このようにフィリピンの SWIP は，世界銀行や日本政府の資金援助を得て建設改修されているのである．建設の経費であるが，表 2.3 では，約 58 万ペソ，76 万ペソ，約 70 万ペソである．Sta. Ana WIP (Water Impounding Project: 小規模貯水プロジェクト) の改修工事は，100 万ペソである．1983 年当時の 1 ペソは，約 20 円の為替レートであった．よって，日本円に換算すると，それぞれ 1160 万円，1520 万円，1400 万円となる．日本の平均的な住宅価格以下のコスト水準である．Sta. Ana WIP の改修費用は，2012 年の為替レートを 1 ペソ 23 円として計算した場合，約 2300 万円となる．

SWIP の規模を示した項目が，灌漑面積（service area），受益者数（no. of ben.）である．三つの SWIP の建設当時に報告されている（reported）灌漑面積，受益者数は，それぞれ，15 ha・38 人，10 ha・20 人，31 ha・74 人である．1 世帯の受益者は 1 人であるので，世帯あたりの灌漑面積は，0.39 ha，0.5 ha，0.42 ha となる．2014 年現在では，それぞれのサイトの灌漑面積・受益者数・世帯当たり灌漑面積は，それぞれ，30 ha・50 人・0.6 ha，45 ha・40 人・

表 2.3　イロイロ地方（リージョン 4）の SWIP の事例

INVENTORY OF SWIPs IN REGION VI

Name of Project	Location		Construction Details			Rehabilitation		Reported		Present Service Area		Present No. of Ben.	Average Production (bags/ ha.)	
	City/ Municipalities	Barangay	Funding Source	Year Const.	Project Cost (P'000)	Year Rehab.	Project Cost (P'000)	No. of Ben.	Service Area (Ha.)	Wet	Dry		Wet	Dry
ILOILO														
Pili-I WIP	Ajuy	Phil-I	BSWM-2 KR GAP-2000/ BS-MA-WB	1982-	891	2004/ 2012	386	40	18	45	45	40	80	80
Sta. Ana WIP	Estancia	Sta. Ana	BS-MA-WB/ BSWM- 2 KR	1983-	578			38	15	50	50	30	80	80
Zaragoza WIP	Balasan	Zaragoza	BS-MA-WB	1983-	761	2012-	1,000	20	10	40	40	45	60	40
Belen WIP	Concepcion	Calamigan	BS-MA-WB	1983-	703			74	31	75	75	40	60	70

出所）フィリピン農業省土壌水質管理局
Bureau of Soil and Water Management, Department of Agriculture, the Philippine Government

1.1 ha, 75 ha・40 人・1.9 ha となる．3 つのサイトすべてで灌漑面積が大きく増えている．後述するように，農業組合の農業用水路の拡充，管理，水配分システムの整備などが効果を示したといえる．

しかし，受益者数について見ると，Zaragoza サイトは，20 人から 45 人と増加しているが，Sta. Ana サイトは，38 人から 30 人，Belen サイトは，74 人から 40 人に減少している．また，生産性についてもサイトでの差が確認できる．もともとの土壌の肥沃度に差があるので単純な比較はできないがサイトでの格差が確認できる．2014 年現在での雨季・乾季の 1 ha 当たりの籾米の米袋で表した 1 ha 当たりの土地生産性は，それぞれ，80・80，80・40，60・70 である．米袋は，フィリピンではカバン（kaban）と呼ばれ，45 〜 50kg である（Barker and Herdt 1985）．このように，受益者の増減や生産性は，サイトによって異なる．

SWIP の受益者は，水利組合の組織化が義務化されている．水利費，農業用水の配分方法は組合が決定する．水利組合は，農業投入財の購入・農産物の販売を行う MPC（Multi-Purpose Cooperative: 多目的農業組合）への昇格が可能である．

典型的な SWIP は，もともとあった湿地や池を工事によって拡張したものである（図 2.11）．主に土を材料にして作られたダムで土堰堤とも言われる．重機により掘削作業を行い表面積と堤高（貯水池の深さ）を高くし，堤体側面を岩石やセメントによって固める（図 2.12）．そして取水設備を設置する．貯水池の工事が終了すると農業用水を水田や畑に流す用水路をセメントで作る（図 2.13）．通常は，セメントで施工された部分は，貯水地近辺のみであり，改修工事の際に拡張されることがある．SWIP による灌漑は水田や畑，林業などに用いられる（図 2.14）．フィリピンの SWIP にはこのような本格的な貯水池の他に小さな川の表面積や深さを掘削工事よって広げたごく単純な構造のものも含まれる（図 2.15）．

（3）事例研究

筆者の調査によれば，SWIP の運用の成否は，様々な条件に依存する．まずは，SWIP の所有者が誰であるかが重要である．所有者が受益者である場合に

図 2.11　SWIP の外観（筆者撮影）

図 2.12　SWIP の側面（筆者撮影）

第 2 章　沖永良部島とフィリピンの溜池利用

図 2.13　SWIP の農業用水路（筆者撮影）

図 2.14　SWIP によって灌漑された水田

図 2.15　小型の SWIP（筆者撮影）

は自由な利用が可能であるが，地主である場合には，受益者は地主と交渉しながら溜池の利用を行わなければならない．地主の気まぐれで SWIP の利用が禁止されたり制限されたりすることもある．また，SWIP は，農業用水の取水のためだけではなく，貯水池の魚を自家消費，販売用を目的とした漁場であることも多いが，地主が漁業権を独占する場合もある．農地が，自作地か小作地によっても SWIP 運営は異なる．自作農の場合には小作料を支払う必要がないので，小作農よりも，SWIP による農業生産による収益が大きく農業組合の運営経費を捻出しやすい．水利組合の経営能力も重要である．農業用水の配分方法，水利費の決定，徴収を行う受益者への有効な水配分が実現しない場合，一部の組合員に利益が集中し，組合員が減少することとなる．実績を出している組合は，リーダーシップがしっかりしており，ミーティングを頻繁に開いている．

　SWIP の組合経営にとって障害となる要因は，土地所有，組合経営以外にも多く存在する．まずは，非制度的金融（金貸し）の存在である．信用制約があり銀行などの制度的な金融機関から融資を受けることができない小規模農は農業経営資金を，通常，村の内外の高利貸しから農業経営資金を借りる．金利は月 10％を超えるために収穫期の金利は，30〜40％となる．この問題は，SWIP の組合員だけではなくフィリピン全国の小規模農家が抱える問題である．次に問題なのが，ビジネスマンによる違法な農地買収が行われていること

である．筆者がセブ島で確認した事例では，エビ養殖を行う華人系ビジネスマンへSWIPの組合員が農地を違法に売却する事例がみられた．一部の組合員のこのような行為が組合の水配分のシステムを崩壊させてしまう要因となりえる．また，農外所得，特に海外からの送金収入がある組合員が農業経営自体への関心を示さなくなるという問題もある．

以下は，リージョンⅥのパナイ島およびネグロス島のSWIPサイトに関する事例報告である．

パナイ島イロイロ州のサイト

平成26年11月にイロイロ州のSWIPサイトを農業省のエルサ・マナンゴ（Elsa Manango）氏のガイドによって訪問した．以下はそのうちの2サイトに関する調査報告である．

まずは，Ajuii町，Luca村を訪れた．ボックス型の取水口から給水し，地下パイプを使って，農業用水を水田に引く形のトリクル・スピルウェー型（Trickle Spillway Design）であり，1982年にSWIPが建設された．SWIPの設備は，約25年で修復が必要となる．この村の設備も改修が行われた．この村では36世帯が組合員であり，約40 haの農地を灌漑している．2期作を行っている．雨季は米作中心であるが，乾季は米作のほか，高地でサツマイモ，キャッサバ，ココナツなどの栽培，養鶏を行っている．雨季（7月～9月が収穫）は，70～80カバン/haの収穫（この村の1カバンは約45 kg），乾季（3月～4月が収穫）は，20～40カバン/haである．

組合員（63歳女性）によると，農業コスト（耕起，収穫等の人件費）は高く，ほとんど赤字となる．経営資金も息子などから拠出してもらわない（借りない）限り，調達は困難である．村の中で月に10％の利子の高利貸しから融資を受けるしかない．この女性の息子はマニラでコンピューター技師として働いている．アメリカでの労働経験もある．彼女は，農業資金を息子から借りて調達している．彼女によると組合の運営は比較的うまく行っている．しかし，まだ農業用水は足りないという．

次に，コンセプション町カラミガン村を訪れた．このサイトのSWIPは，取水口は，溜池の壁面からパイプを使って直接に引水する型である．組合員は

38世帯である．このうち，23世帯が定額小作農であり，15世帯が自作農である．1985年の45世帯から減少した．灌漑費は，年間で1ha当たり約350ペソである．組合長と7人の委員が中心に組合の運営を行っている．この村でも米作が中心であるが，水源に余裕がある場合は，米の3期作も可能である．組合員の農地は70 haである．雨季作，乾季作とも，70 haを灌漑する．第3期作は，30 ha程度である．SWIPの農業用水利用について毎月，組合のミーティングを開いて決め，もめごと（多くの組合員が最初に多くの灌漑用水を引きたい）がないようにしている．自作農，定額小作農以外の農業労働者は，農作業を行っているにもかかわらず，組合員になることはできず，組合の会議には出ることができず，内容はわからない．

組合員A（67歳，男性）の場合，約1 haを定額小作農として経営しており，昨年は，1期作目が68カバン，2期作目が90カバン，3期作目が，80カバンの収穫があった．この村では，1カバンは約45 kgで，1期，2期，3期がそれぞれ，15ペソ/kg，17ペソ/kg，19ペソ/kgであった．小作料は耕作期毎，12カバンで，収穫や脱穀労働者に収穫の10%を報酬として支払う．耕起，肥料，農薬などの費用は，1haあたり約2万ペソである．この農業資金を村で融資を受けた場合，3カ月で15%の利子を支払う必要がある．

これらのデータを用いて，この組合員が得る粗利益を試算すると以下のようになる．

＜経営資金が自前の場合＞

$(68 \times 0.9 - 12) \times 45 \times 15 + (90 \times 0.9 - 12) \times 45 \times 17 + (80 \times 0.9 - 12) \times 45 \times 19 - 20{,}000 \times 3 - 350 \times 3 = 76{,}245$（ペソ）

＜経営資金をすべて借り入れた場合＞

$76{,}245 - 20{,}000 \times 0.15 \times 3 = 67{,}245$（ペソ）

つまり，年間の粗利益は，6万7245〜7万6245ペソとなる．調査を行った平成27年3月のレート，約（1ペソ＝2.73円）だと約18万3579円〜20万8148円となる．

ネグロス島ネグロス・オキシデンタル州の水利組合

平成27年8月にネグロス島のネグロス・オキシデンタル州の3地点でそれ

ぞれの水利を管理する組合に対して聞き取り調査を行った．調査においては農業省の職員，マリオ・トリアナ（Mario Triana）氏にガイドをお願いした．

ジェネラル・マルバー多目的農業組合（MPC）

　この小規模溜池は，1.7 ha の大きさであり，約 100 ha を灌漑することが可能である．用水路はセメントで固められており，溜池の壁は，石とセメントで補強されている．丈夫な作りである．調節弁も完備されている．2002 年に建設が始まり 2005 年より操業を開始した．建設費用は 500 万ペソであった．2013 年に修理し，900 万ペソの費用がかかった．2005 年当時は，水利組合であったが 2010 年 9 月 30 日には MPC（多目的の農業組合）となり，2015 年 1 月からは米の売買のビジネスも始めた．メンバーは 2005 年の 58 世帯から 2015 年には 97 世帯に増加した．97 世帯のうち，91 世帯は政府に地代を支払っている過程である農地改革受益者，自作農が 1 世帯，定額小作農が 5 世帯であった．組合員はすべて，米作農家であり，経営面積は 72 ha であり，一組合員当たりは 0.78 ha である．2，3 期作が可能であり，2 年間に 5 回の収穫が可能である．一期作が，6～9 月，二期作が 10～1 月，三期作は，1～3 月である．組合員の多くは，乾季（4～5 月）に炭焼き労働者として収入を得ている．自前の事務所を持ち，月に 2 回の会議を開催している（図 2.16）．議題は，農業用地の利用に関する財政問題，設備の修理などである．2015 年 8 月 12 日の豪雨で外壁の一部が破損した．灌漑使用料は，組合員の場合，1 収穫期につき 1ha あたり 500 ペソである．非組合員の利用も認めており，1 時間につき 20 ペソである．2013 年には農業省より優れた水利組合として表彰を受けた（口絵 2.5）．

タロッグ・マルバー水利組合

　この小規模溜池は川を堰き止めただけの簡単なものであり調節弁もない．工事費は約 1 万 2000 ペソであった．集落から溜池までの道は途中から舗装されておらずサトウキビ畑を横断せざるをえずアクセスが非常に悪い．2010 年から操業を始めた．組合員は 2010 年の 44 人から 2015 年の 44 人と変化していない．灌漑費は，年間 1 世帯で 1ha あたり 500 ペソである．組合員による灌漑費の支払いに問題はないが，水量が絶対的に不足していること，用水路がセメントで

図 2.16　Gen. Malvar Irrigators MPC の組合員のみなさま

固められていないことなどが問題である．組合員はこの小規模溜池灌漑を他の水源を組合合わせて利用している．年の収穫は 2 回である．

カンバロス農民水利組合

　組合長のネルソン・トカヤオ氏に聞き取り調査をした．この小規模溜池灌漑は 1988 年に作られた．工事費は 150 万ペソであった．溜池は約 1 ha で灌漑できる経営面積は 50.05 ha である．水量は，3 万 6000 m³である．組合員は 49 人であるが，全員の農地を灌漑するには水量が足りない．組合員の全員は米作を行っている．このうち約 20 ％がトウモロコシの作付けも行っている．年に 2 ～ 3 回の収穫を行う．すべてが，農地改革の受益者である．2002 年までは，カンバロス多目的農業組合（MPC）が管理を行っていたが経営がうまくいかず閉鎖した．同年，水利組合として再出発した．組合員は当時の 43 人（世帯）から 49 人（世帯）へと増加した．灌漑費は，1 時間で 1 ha あたり 20 ペソである．世帯あたり 1 週間で最大 5 時間まで利用することができる．世帯当たりの灌

漑費支出はha当たり300ペソ程度である．水量が少ない時は支出も減る．水門は朝6時に開けて夜7時に閉める．1日に使用できるのは最大で6世帯である．乾季には干上がることもある．月に1度の会議を行っている．灌漑費はみな支払っており，現時点では水量不足のみが大きな問題である．

4．溜池の効率的な利用に向けて

　沖永良部島とフィリピンの溜池利用についての分析により明らかになったことは以下のとおりである．
　第一に，両事例ともに溜池は，藩や政府などにより国家の政策として増設されたことがわかった．このような性格上，溜池の建設や管理は住民と藩や政府の共同作業となる．国が地域の特徴をしっかり理解したうえでプロジェクトを展開する必要がある．沖永良部島の場合は，溜池の運用は集落が中心に決定していたようであるが，フィリピンの場合は水利組合を組織化させることによって国が間接的に管理する形を取っている．しかし，組合の運営にはかなりの差があるようである．
　第二に1970年代までの沖永良部島と現在のフィリピンの環境の違いである．沖永良部島では，集落がひとつのコミュニティとして結束が強かったが，フィリピンの場合には組合員の差異が大きく共同性を構築するのが困難な組合がある．差異を決めるのは，土地所有制度（自作農か小作農か），資金的援助を受けることができるかいなかなどの要因である．また，サイトによるその他の差異も確認できた．溜池を地主が所有する場合とそうでない場合，資本家が農地の（違法な）取得を狙っている場合とそうでない場合などである．政府は，組合を通じて，必要に応じてサイトにあった支援を行っていく必要があるだろう．
　第三は，沖永良部島での溜池の利用において，集落の住民による知恵・技術が効果的に用いられてきたことである．前述のように，フィリピンのSWIPは，非常に小規模で構造もシンプルなものも含まれる．沖永良部島の溜池の取水や水の配分の知恵は現在のフィリピンにも適用が可能であると考えられる．
　前述のように，溜池などの小規模灌漑は，国家予算の限られた国で生態系を

維持しながら農業生産，農民の所得を高めるため非常に効果的な手段ではあるが，多様なサイトに適用するための運用面での技術は成熟しているとはいえない．国，時代を超えた小規模灌漑運用の知恵・技術を交流させ新しいマネジメントのシステムを形成することが重要であろう．また，日本は小規模灌漑プロジェクトを援助の一形態として進めているが，ハードの面だけではなく運用の面での援助も必要であろう．筆者は，SWIPのサイトの情報がBSWMによって記録されていないかったり，不正確であったりすることを確認した．現地の役人がサイトの人々と密にコミュニケート，データベースの作成などの点で日本政府が援助できることは多いであろう．

謝辞

　本研究の遂行に当たり，ご協力，ご指導を頂きました和泊町歴史民俗資料館館長先田光演氏，沖永良部島の方々，フィリピン農業省の方々に心より感謝致します．

（西村　知）

参考文献

後蘭字誌編纂委員会編（2008）『後蘭字誌』

西村サキ（1989）『沖永良部島民生活史―トリネ地帯の稲作―』ふだん記全国グループ

先田光演（2013）『沖永良部島　和泊町国頭の歴史』

和泊町誌編集委員会編（1984）『和泊町誌　民俗編』

Barker, Randolph and Herdt, W. Robert(1985), The Rice Economy of Asia Washington(DC), Resources for the Future

参考ウェブページ

「おきのえらぶ島観光協会1」　http://www.okinoerabujima.info/pickup/shouchu/ （2018年11月30日）

「おきのえらぶ観光協会2)」
http://www.okinoerabujima.info/about/jikyonuho/ （2018年11月30日）

「鹿児島県観光サイト」http://www.kagoshima-kankou.com/guide/13118/ （2018年

11 月 30 日）
「外務省ホームページ（食糧増産援助（2KR）についての説明）」https://www.mofa.go.jp/mofaj/gaiko/oda/shiryo/hakusyo/04_hakusho/ODA2004/html/siryo/sr3110210.htm　（2018 年 11 月 30 日）
「九州農政局ホームページ」http://www.maff.go.jp/kyusyu/seibibu/kokuei/15/about_island/index.html
（2018 年 11 月 30 日）
「WOCAT（World Overview of Conservation Approaches and Technologies）ホームページ」https://www.wocat.net/en/　（2018 年 11 月 30 日）

第3章
渓流水・湧水から土砂災害を予測する

1. はじめに

　山崩れは，山地斜面の風化土層や基盤岩が豪雨等で安定性を失い高速度で崩落する現象であり，斜面の表層部に生成された風化土層が雨水の浸透で崩れる表層崩壊や，風化した岩盤が地下水の影響で大規模に崩れる深層崩壊などがある．

　近年，気候変動等の影響による記録的な大雨の増加に伴って，深層崩壊に代表される深い地下水が関与した大規模な崩壊が目立っている．このタイプは，崩壊土砂量が多いために大きな被害を出したり，崩壊土砂が地下水を多量に含んで流動化して広範囲に土石流災害を引き起こしたりする．また，地下水は地中をゆっくり流動するため，雨が止んで長時間経過した無降雨時に崩壊が発生することもある．

　多量の地下水が集中する地下構造をもつ斜面は，地下水の排水システムが地下侵食等で破壊されたり，異常な大雨により排水能力を超える地下水が集中したりすると，地下水圧が上昇して深層からの崩壊発生の可能性が高まることが予想される．

　本章では，まず，鹿児島県や大分県の火山性地質の地域で発生した地下水が関与した崩壊による土砂災害の事例を説明する．続いて，それらの災害地の現地調査に基づく崩壊発生危険箇所の抽出や警戒避難対応に関して水文学的立場からアプローチした研究を紹介する．

2. 地下水が関与した崩壊による土砂災害

(1) 1997年鹿児島県出水市針原の土砂災害

1997年7月10日，出水市針原川流域で深層崩壊が発生し，崩壊土砂が土石流となり下流の集落を襲って死者21人という被害をもたらした（図3.1）．崩壊発生時は累加雨量が400 mmを超えていたが，雨が止んで4時間が経過していた（図3.2）．崩壊は，最大幅約80 m，長さ約190 m，最大崩壊深約30 m，崩壊土砂量約13万 m^3 と大規模

図3.1　1997年鹿児島県出水市針原川流域の土砂災害

なものであった．崩壊斜面の地質は，深層風化した安山岩とその下位の凝灰角礫岩から構成される．崩壊直後，それらの地層境界から多量の湧水がみられ，安山岩は透水層，凝灰角礫岩は難透水層の役割を果たし，崩壊斜面は地下水が集まる地下構造となっていたことが分かった．崩壊は，多量の降雨に伴う地下水の集中と地下水圧の上昇による安山岩層の不安定化が原因して発生したと考えられる（図3.3）．

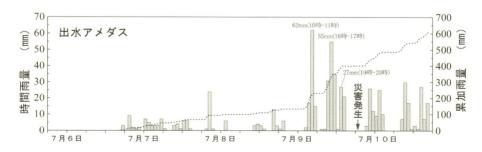

図3.2　崩壊発生時の降雨状況

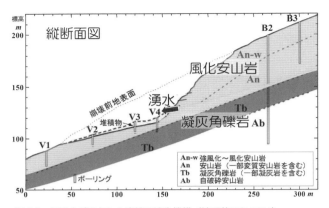

図 3.3　地下水が関与した崩壊の発生機構（地頭薗ほか 2004）

（2）2010 年鹿児島県南大隅町根占山本の土砂災害

　2010 年 7 月 4 日～8 日，南大隅町船石川流域の火砕流台地周縁で崩壊が繰り返し発生した（図 3.4）．崩壊発生時はほとんど雨が降っていなかったが，発生前の 1 カ月間に 1000 mm を超える降雨量があった．崩壊斜面の地質は，柱状節理の発達した亀裂の多い溶結凝灰岩と，その下位の非溶結凝灰岩から構成される．崩壊直後，それらの地層境界から多量の湧水がみられたことから，台地上から浸透した雨水は溶結凝灰岩層の亀裂を通って非溶結凝灰岩層に達し，地層境界を流動して台地周縁から流出していると考えられた．崩壊は，多量の降雨に伴う地下水の集中と地下水圧の上昇，湧水付近の侵食による溶結凝灰岩層の不安定化が原因して発生した（図 3.5）．

図 3.4　2010 年鹿児島県南大隅町船石川流域の土砂災害

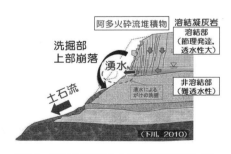

図 3.5　地下水が関与した崩壊の発生機構（下川ほか 2010）

（3）2015年鹿児島県垂水市深港の土砂災害

　2015年6月，平年の月降水量の3倍に達する記録的な大雨に見舞われた垂水市深港川流域では，6月から9月にかけて崩壊が繰り返し発生した．崩壊土砂は土石流となって下流を襲い，農地，宅地，国道に被害をもたらした（図3.6）．崩壊斜面の地質は，火山活動に伴う降下火砕物や火砕流堆積物とその下位の堆積岩から構成される．降下火砕物や火砕流堆積物の地層は，透水性の異なる層が重なり，複数箇所から湧水がみられた．崩壊は，主に湧水付近の侵食による上部層の不安定化が原因して発生した（図3.7）．

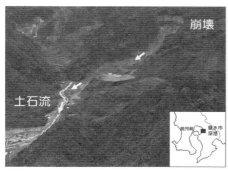

図3.6　2015年垂水市深港川流域の土砂災害

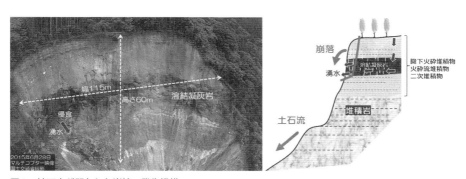

図3.7　地下水が関与した崩壊の発生機構

(4) 2018年大分県中津市耶馬溪町金吉の土砂災害

2018年4月11日未明，中津市耶馬溪町金吉で降雨がないときに大規模な崩壊が発生し，6人が亡くなった（図3.8）．崩壊斜面の地質は，火砕流堆積物とその下位の火山岩類から構成される．火砕流堆積物の溶結部は柱状節理が発達して急崖をなしており，その直下には崩壊の繰り返しによって崖錐が発達している（図3.9）．崩壊直後，崩壊地内に湧水がみられ，その付近の岩石は地下水によって粘土化していた．崩壊は，湧水付近の地下水排水システムの破壊により地下圧が徐々に上昇，あるいは，湧水付近で長年の侵食により小規模な崩壊が発生，連続して上部の崖錐堆積物とその下位の強風化層が大規模に崩壊したと推定される．

図3.8　2018年中津市耶馬溪町の土砂災害

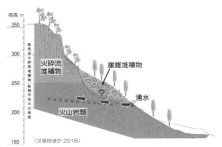
図3.9　地下水が関与した崩壊の発生機構（久保田ほか2018）

3．渓流水・湧水を活用した崩壊予測

図3.10は，深い地下水が関与する崩壊の危険箇所抽出と警戒避難対応に水文情報を活用する方法の提案である．具体的には，渓流水や湧水を活用して，地下水の集中という視点で崩壊発生の危険性がある斜面を段階的に抽出し，さらに危険斜面からの湧水を監視して警戒避難対応を行うものである．

(1) 渓流水から危険箇所抽出（場所の予測）

図 3.10 の①危険渓流の抽出〈流域レベルの評価〉では，数 km² 未満の小流域を設定して，降雨が一週間以上なかった後に，渓床に基盤岩が露出しているなど，渓流水が伏流していない箇所で流量を計測する．渓流水の流量測定は，渓流の横断測量と流速計による方法，塩分希釈法，渓流水の直接測定法などを用いる（図 3.11）．測定される流量は，流域面積が小さく，降雨後一週間以上経過して測定しているので，基底流量を把握していると考えてよい．同時にポータブル電気伝導度（EC）計を用いて渓流水 EC を測定する（図 3.12）．EC は渓流水中の溶存イオンの総量であり，地下水が流動する過程で岩石から溶出するイオンを取り込むことから，多量の地下水が湧出している流域は渓流水 EC が高くなる．渓流水 EC が高くて比流量が大きい流域は，地形的流域界を越えた地下水が流域内に流入している可能性があり，深い地下水が関与する崩壊の恐れのある流域として抽出する．

① 危険渓流の抽出〈流域レベルの評価〉
渓流水の流量と電気伝導度（EC）の測定
⇒渓流水ECが高くて比流量が多い流域の抽出

地形的流域界を越えた地下水流入
⇒深い地下水が関与する崩壊の恐れのある流域

② 危険斜面の抽出〈斜面レベルの評価〉
①で抽出された流域内で湧水の分布調査

湧水流量が多い斜面の背後には地下水集中
⇒深い地下水が関与する崩壊の恐れがある斜面

③ 警戒避難対応〈湧水センサーによる評価〉
崩壊の恐れのある斜面において湧水観測
⇒湧水を指標とした警戒避難対応

図 3.10　渓流水と湧水を活用した崩壊発生危険斜面抽出と警戒避難対応（地頭薗 2014）

なお，渓流水 EC は人家，農地，畜産施設などの排水の影響を受けて高い値を示すことがあるため，渓流水が人為的な影響を受けている可能性のある箇所ではシリカ（SiO_2）濃度を活用して影響の有無を判断する．シリカ濃度は地下水が岩石と接触して起こる化学反応によって溶出することから，多量の地下水が流出している渓流水は EC と同様に高くなる傾向がある．シリカ濃度の測定は EC 測定に比べて手順が煩雑であるが，シリカはほとんどが鉱物由来であるために人為的な影響を受けにくいという長所がある．

図 3.10 の②危険斜面の抽出〈斜面レベルの評価〉では，①で抽出した流域において湧水の分布を調査する．湧水流量が多い斜面の背後には地下水が集中しており，深い地下水が関与する崩壊の恐れがある斜面と判断する．

図 3.11 渓流の流量測定

図 3.12 ポータブル電気伝導度（EC）計を用いた渓流水 EC の測定

(2) 湧水を指標にした警戒避難対応（時間の予測）

深い地下水が関与した崩壊がいつ起こるかという，時間の予測に関係する警戒避難対応の策定を検討する．このタイプの崩壊は雨が止んで長時間経過して発生することがあり，警戒避難対応には時間経過の条件も考えなければならない．手法として，崩壊発生危険箇所を抽出する水文調査で見いだされた湧水を指標にして地下水状態を把握し，崩壊発生の危険度を判断する装置（湧水センサー）を開発した．図 3.10 の③警戒避難対応〈湧水センサーによる評価〉は，湧水流量の変化から深い地下水が関与する崩壊発生の危険性を判断するものである．

湧水センサーは，電極式流量計，変換・記録装置，電源装置，太陽電池，携

帯電話伝送装置等から構成される（図3.13）．電極式流量計は，塩ビパイプに取り付けた鉛直方向1cm間隔の電極によって測定される水位から流積を求め，流積にマニング式による流速を乗じて湧水流量を算出する装置である．塩ビパイプ径の大きさは設置点の湧水流量で決定する．流量測定用パイプには電気伝導度，濁度等を測定するパイプも連結できる．測定値は10分間隔でデータロガーに記録され，同時に携帯電話を使って10分間隔でサーバーへ送信される．これらのデータはインターネットを介してパソコンやスマートフォンから閲覧できるとともにダウンロードも可能である．

　1997年に深層崩壊が発生した出水市針原川流域（2（1）参照）において，1999～2002年に崩壊斜面周囲の基岩内地下水位，崩壊地からの湧水流量，河

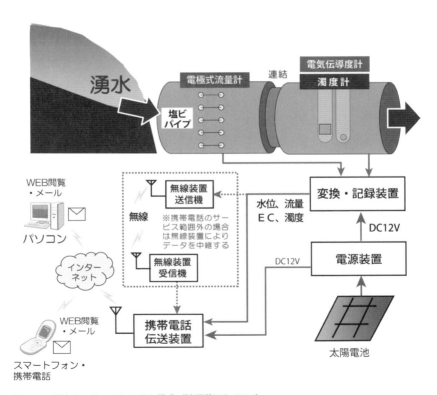

図3.13　湧水センサーのシステム構成（地頭薗ほか2014）

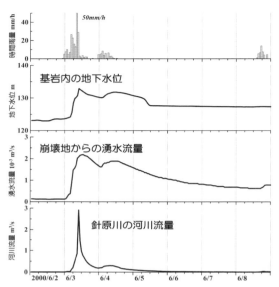

図 3.14　針原深層崩壊地における降雨に対する地下水位，湧水流量，河川流量の応答例（地頭薗ほか 2004）

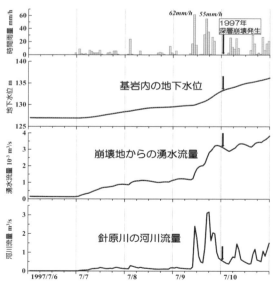

図 3.15　タンクモデルによる1997年針原深層崩壊発生時の地下水位，湧水流量，河川流量の再現（地頭薗ほか 2004）

第3章 渓流水・湧水から土砂災害を予測する

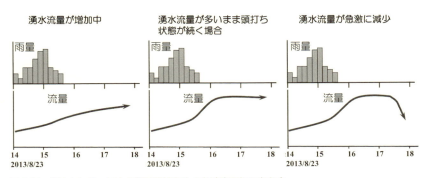

図3.16 湧水センサーによる深層崩壊発生の危険度評価の考え方

川流量などの水文観測を行った．図3.14は，2000年6月3〜4日の降雨（総雨量252 mm，最大時間雨量50 mm）に対する基岩内の地下水位，崩壊地からの湧水流量，河川流量の応答である．地下水位と湧水流量の波形はよく対応していることがわかる．4年間に得られた観測データに基づいて基岩内の地下水位，崩壊地からの湧水流量，河川流量の降雨応答をタンクモデルに当てはめ，1997年崩壊時の基岩内の地下水位，湧水流量，河川流量を再現した（図3.15）．崩壊が発生した7月10日1時前には河川流量は減水していたが，基岩内の地下水位と湧水流量は上昇中であったことが明らかになった．

針原川流域での水文観測結果等に基づいて，湧水センサーから得られる湧水流量から次のような深層崩壊の警戒対応を考えている（図3.16）．湧水が増加中の場合は，雨が止んだ後でも基岩内の地下水位が上昇中であり，崩壊の危険性も増加中．また，湧水が多いまま頭打ち状態が続く場合は，地下水排水システムの能力を超えた地下水が集中している可能性があり，基岩内の地下水位が上昇して崩壊の危険性が継続していると判断される．さらに，湧水が急激に減少した場合は，山体の地下水排水システムが地下侵食等で破壊された可能性があり，基岩内の地下水位が急上昇して崩壊発生の恐れがあると判断される．以上の状況が降雨終了後もみられる時は警戒対応を継続しなければならない．警戒対応の解除は，湧水流量が初期の流量にゆっくりともどった時と考えている．

なお，湧水センサーの情報は，湧水因子の変化が視覚的に分かりやすく提示されるように工夫した（図3.17）．

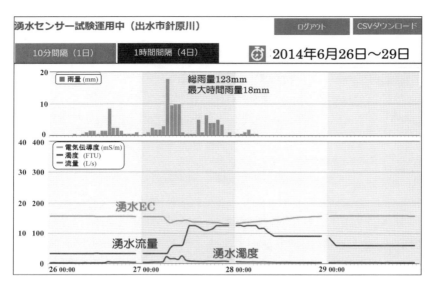

図3.17　湧水センサー情報提示のWeb画面

4．崩壊発生の予測事例

（1）鹿児島県南大隅町の火砕流台地

　鹿児島県南大隅町の火砕流台地（2（2）参照）を対象に実施した地下水が関与した崩壊の危険斜面抽出と警戒避難対応の事例を示す．口絵3.1は，火砕流台地周縁に設けた42流域（流域面積0.001〜1.20 km^2，平均0.17 km^2）の下流端で測定した渓流水の流量とECをプロットしたものである．42流域の渓流水ECは通常の河川水より高い10 mS/m以上を示しており，流域内に深い地下水が流出していると判断される．一方，比流量は一様な分布を示さず，台地周縁から多量の地下水が流出している流域とそうでない流域が存在する．深い地下水が関与する崩壊の恐れのある流域を地下水の集中という視点で抽出するにあたり，ここでは渓流水ECが10 mS/m以上かつ比流量が0.032 m^3/s/km^{2}以上（42流域の平均流量）の流域を抽出した．それらの最上流斜面（口絵3.1の紫色の実線）は，深い地下水が多量に集まっていると判断されることから地下

水が関与した崩壊発生の恐れがある．2010年と1966年に発生した崩壊はこれらの斜面に位置しており，抽出した斜面は地下水が関与した崩壊発生の危険性が高く，崩壊土砂が地下水を含んで大規模な土石流となって流下する恐れがある．

　崩壊発生の危険性を判断して警戒避難対応を行うために，湧水センサーを台地東側の1966年崩壊地に隣接する斜面に設置した（口絵3.2）．火砕流台地の地下構造は，上層が柱状節理の発達した亀裂の多い溶結凝灰岩，その下層が非溶結凝灰岩であり，溶結凝灰岩層は透水層，非溶結凝灰岩層は難透水層の役割をしている．台地に降った雨は浸透して地下水となり，これらの地層境界を流動して台地周縁の急斜面から湧出していると推定される．この地下構造に1段タンクモデルを適用して降雨と地下水流出の応答を解析した．タンクモデルの流出孔（湧水）と浸透孔（深部浸透）の係数は，湧水センサーの観測データから同定した．この地下水流出モデルを用いて既往の崩壊発生時の湧水流量を計算し，崩壊の警戒避難基準を策定する．調査地の台地西側に位置する船石川流域では，2010年6月～7月の大雨で崩壊が発生した．図3.18は，調査地に近い田代アメダス雨量データから地下水流出モデルで2010年の湧水流量を計算

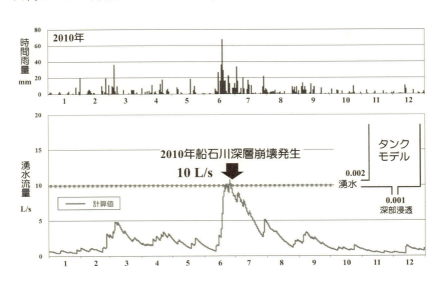

図3.18　地下水流出モデルで計算した崩壊発生時の湧水流量

したものである．船石川流域で崩壊が発生した時期の湧水センサーの湧水流量は 10 L/s 程度まで増加しており，この値を地下水が関与する崩壊発生の危険性が高まる基準値とした．

2015 年，九州南部は前線の停滞によって梅雨期の降水量が多くなり，特に薩摩半島の南部から大隅半島にかけては平年の 6 月降水量の 3 倍に達したところもあった．図 3.19 には，2015 年 6 月に大雨に見舞われた際の湧水流量の変化を示す．図中には地下水が関与する崩壊発生の危険性が高まる湧水流量 10 L/s を示している．梅雨に入った 6 月 2 日から繰り返し大雨に見舞われ，湧水流量が増加している．6 月 16 日頃からは崩壊発生の危険性が高まったことがわかる．6 月 19 日から雨が降らない日が続いたが，湧水流量はほとんど減少せず，台地内の地下水位は高い状態が継続していたと推定される．南大隅町の防災担当者は湧水センサーの Web 画面を監視しながら，住民に雨が止んだ後も警戒が必要であることを伝えた．地下水が関与する崩壊が発生するほどの多量の大雨の場合は，土砂災害警戒情報等の防災情報に加えて，湧水センサーの湧水流量も警戒避難対応に役立てることができると考える．

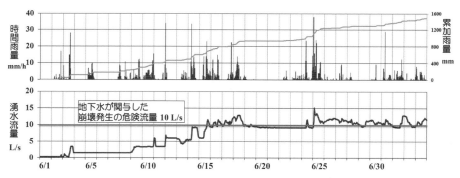

図 3.19　2015 年 6 月の大雨時の湧水センサーの湧水流量

（2）鹿児島市から姶良市にかける姶良カルデラ西壁

1977 年 6 月 24 日，鹿児島市竜ヶ水においてカルデラ壁の急斜面が大規模に崩壊し，崩壊土砂が土石流となって下流を襲い，9 人が亡くなった．斜面の地質は，下位から安山岩，玄武岩，水成層（花倉層），溶結凝灰岩，シラス，軽石・火山灰などからなる（図 3.20）．水成層からは湧水がみられ，崩壊は多量の地

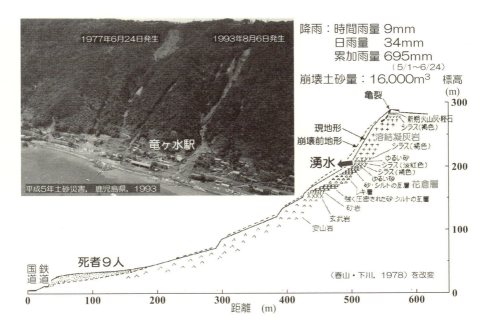

図 3.20　1977 年 6 月 24 日に発生した鹿児島市竜ヶ水の大規模な崩壊による土砂災害

下水の集中と地下水圧の上昇，湧水付近の侵食による溶結凝灰岩急斜面の不安定化が関係したと考えられている．

　この崩壊地が位置するカルデラ西壁の 24 流域（流域面積 0.06～0.57 km^2，平均 0.12 km^2）を対象に渓流水の流量や EC 等の水文調査を行った（図 3.21）．カルデラ壁の渓流水 EC は 10 mS/m 以上の流域が多いが，比流量は大きい渓流と小さい渓流が分布し，台地に浸透した雨水は地形的分水界とは異なる水文的分水界（地下水の分水界）に規制されて流動し，カルデラ壁から流出していることがわかる．前節と同様に，渓流水 EC が 10 mS/m 以上かつ比流量が 0.01 m^3/s/km^2（西壁 24 流域の平均比流量）以上の流域を抽出すると，図 3.21 の流域界が太い実線の流域として示される．ただし，シリカ濃度が低かった 2 流域（図中に矢印で示した流域）は深い地下水の関与が低いので人為的な影響で渓流水 EC が高いと判断して地下水が関与する崩壊の恐れのある流域（危険流域）から除外した．

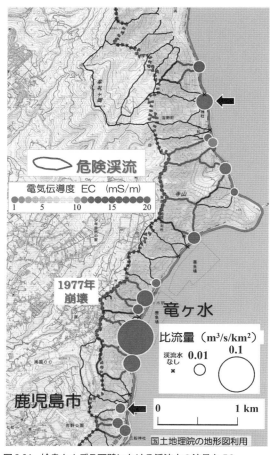

図 3.21 姶良カルデラ西壁における渓流水の流量と EC

流域レベルの評価で危険流域として抽出された1977年に大規模な崩壊が発生した流域内の湧水を調査した（図 3.22）．図中の矢印は基盤岩からの地下水流出が確認できた湧水を示しており，矢印の大きさは流量の大小を示している．1977年に崩壊が発生した斜面付近からは現在も多量の湧水がみられ，湧水の流量は 0.8 L/s，EC は 14 mS/m であった．流域の下流端で測定した渓流水の流量は 0.8 L/s，EC は 13 mS/m であり，流域の基底流量は崩壊地からの湧水に依存していることがわかる．崩壊斜面の背後には地下水が集中する地下構造が推定され，今後も深い地下水が関与する崩壊が繰り返されると判断される．したがって，図 3.10 の③に示した湧水流量を監視して警戒避難対応を行う必要があると考えている．

(3) 姶良カルデラ東壁の鹿児島県垂水市深港

2 (3) で説明した垂水市深港川流域の崩壊は，雨が止んで長時間が経過してから発生したために住民等の警戒避難対応が困難であった．崩壊直後からビデオカメラによる崩壊地の監視が開始された．その動画を使って崩壊地からの湧

水流量の減水割合を観測すると、無降雨期間でも減水が非常に小さいことが判明した。そこで、半減期の長い実効雨量を指標に警戒避難基準を設定することとした。2015年6月24日、7月5日、7月28日、9月1日の崩壊は、半減期40日の実効雨量が1100 mmを超えた時に

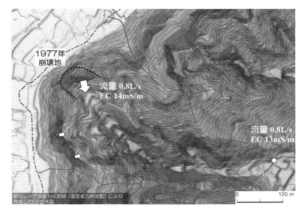

図 3.22　1977 年に大規模な崩壊が発生した流域内の湧水分布

発生していた。そこで、2016年の梅雨期は、半減期40日の実効雨量を指標に警戒避難基準を設定することを提案した。すなわち、半減期40日の実効雨量1000 mmで避難勧告、同1100 mmで避難指示とした（図3.23）。2016年の梅雨も2015年と同様の大雨が続き、6月28日に避難勧告、29日に避難指示が発令され、その一日後の30日に崩壊と土石流が発生した。湧水観測に基づく半減期の長い実効雨量を指標にした警戒避難対応の手法が成功した事例である。

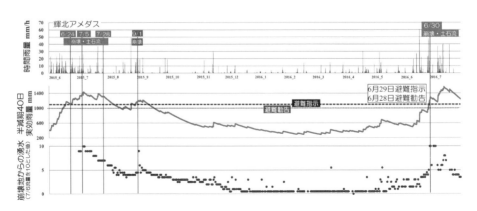

図 3.23　地下水を指標にした警戒避難対応の例

（4）大分県中津市耶馬溪町の火砕流台地

大分県中津市耶馬溪町の火砕流台地（2（4）参照）を対象に実施した地下水が関与した崩壊の危険流域抽出の事例を示す．図 3.24 は，火砕流台地周縁に設けた 90 流域（流域面積 0.004～2.07 km^2，平均 0.104 km^2）の下流端で測定した渓流水の流量と EC をプロットしたものである．渓流水 EC が高く比流量が大きい渓流は台地の東側に分布しており，台地に浸透した雨水は地下水として台地の南東側へ流動していることがわかる．図 3.24 の流域界が太い実線の 4 流域は，渓流水 EC が 10 mS/m 以上で特に比流量が大きく，地下水が集中する地下構造を有すると推定される．そのひとつの流域で，2018 年 4 月 11 日に大規模な崩壊が発生している．崩壊地内の標高 220 m 付近からの湧水は EC が 12 mS/m を示し，深い地下水起源であることがわかる．2018 年 5 月 24 日に測定した湧水流量は 0.55 L/sec であった．湧水流量を測定した地点における地形

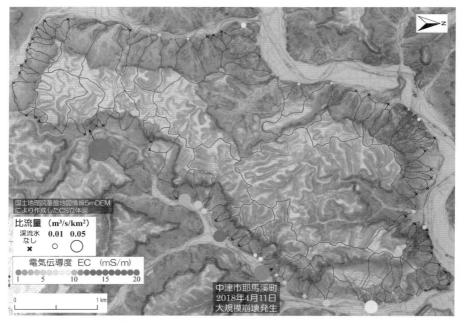

図 3.24　耶馬溪町の火砕流台地における渓流水の流量と EC

的流域面積は 0.007 km^2 であり，比流量は 0.079 m^3/s/km^2 となる．この値は，90 流域の平均比流量 0.005 m^3/s/km^2 の約 16 倍の値である．したがって，湧水測定地点における水文的流域面積は，地形的流域面積の約 16 倍と大きく，崩壊した斜面には広範囲の地下水が集中している可能性がある．

5. おわりに

地下水が関与した大規模な崩壊による土砂災害の事例を説明し，その崩壊発生危険箇所の抽出や警戒避難対応に関して水文学的アプローチによる研究を紹介した．

最近の土砂災害をみると，明らかに大規模な土砂移動現象が多発している．気候変動等の影響による集中豪雨，局地的大雨，大型台風等の増加に伴って，これまでに経験したことがない大規模な土砂災害の発生リスクが各地で高まっている．降水予測の精度がさらに高まれば，予測される降水量に合わせて土砂災害の警戒区域の範囲や警戒体制のレベルを設定する仕組みも必要になると考えられる．たとえば，「今後 400 mm を超えるような大雨が予想される」等が発表された場合は，警戒区域や警戒体制を拡大して大規模災害に備える，同時に住民にどのような対応を求めるか，などを具体的に検討する時代に入ったと思っている．そういった具体的な対策に寄与するために，本章で説明した大規模土砂災害を引き起こす地下水が関与した崩壊の発生場と発生時期の予測研究を一層推進する必要がある．

末筆であるが，本章で紹介した研究成果は，当時研究室に在籍していた学生諸氏と実施したものである．ここに記して謝意を表します．

（地頭薗　隆）

参考文献

久保田哲也・地頭薗隆・長井義樹・清水収・水野秀明・野村康裕・鈴木大和・山越隆雄・厚井高志・大石博之・平川泰之（2018）2018 年 4 月 11 日大分県中津市耶馬溪町で発生した斜面崩壊,砂防学会誌 ,71(2);34-41

下川悦郎・小山内信智・武澤永純・地頭薗隆・寺本行芳・権田豊（2010）2010 年（平

成 22 年）7 月鹿児島県南大隅町で発生した連続土石流災害,砂防学会誌,63(3);50-53

地頭薗隆・下川悦郎（1998）1997 年鹿児島県出水市針原川流域で発生した深層崩壊の水文地形学的検討,砂防学会誌,51(4);21-26

地頭薗隆・下川悦郎・迫正敏・寺本行芳（2004）鹿児島県出水市針原川流域の水文地形的特性と深層崩壊,砂防学会誌,56(5);15-26

地頭薗隆（2014）渓流水の電気伝導度を用いた深層崩壊発生場の予測,砂防学会誌,66(6);56-59

地頭薗隆・石塚忠範・能和幸範・柳町年輝（2014）深層崩壊警戒対応の湧水センサーの開発,砂防学会誌,66(5);49-52

春山元寿・下川悦郎（1978）鹿児島市吉野町竜ヶ水地区の山地崩壊・土石流災害について,砂防学会誌,30(4);33-38

第4章
豪雨によって生じる水害とその対策

1. はじめに

洪水・氾濫災害とその対策について理解を得ることを目的に，本章では，豪雨，河川，水害に関する一般的な基礎知識について概説し，その後，鹿児島県内の河川流域を対象に実施された研究事例をいくつか紹介する．

2. 豪雨，河川，水害の基礎知識

(1) 豪雨とその名称

豪雨とは，一般に「一時に多量に降る雨」を指すが，顕著な被害（損壊家屋1000棟程度以上または浸水家屋1万棟程度以上の家屋被害，相当の人的被害，特異な気象現象による被害など）が発生した豪雨の場合，「元号年＋月＋顕著な被害が起きた地域名＋豪雨」を原則として，気象庁により名称がつけられている．これとは別に，顕著な災害やそれをもたらした自然現象について地方公共団体等が独自の名称を通称として用いることもある．例えば，1993年8月に鹿児島県の姶良郡（当時）と鹿児島市を襲った豪雨は，気象庁によって，「平成5年8月豪雨」と命名されているが，一般的には，「8.1豪雨（水害）」，「8.6豪雨（水害）」といった通称が広く普及・浸透している．

(2) 降水量，降雨量

降雨の強さを表す代表的な指標として，「降水量」，「降雨量」が存在する．「降水量」とは，一定の時間に，大気から地表に落ちた雨，雪，霰（あられ）（直径5 mm未満の氷の塊），雹（ひょう）（直径5 mm以上の氷の塊）などの体積の合計を指すが，地

表 4.1　雨の強さと降り方
　　　　（気象庁リーフレット「雨と風の階級表」に基づいて作成）

1時間雨量 (mm)	予報用語	人の受けるイメージ	人への影響	屋内 (木造住宅を想定)	屋外の様子	車に乗っていて
10以上～20未満	やや強い雨	ザーザーと降る	地面からの跳ね返りで足元がぬれる	雨の音で話し声が良く聞き取れない	地面一面に水たまりができる	ワイパーを速くしても見づらい
20以上～30未満	強い雨	どしゃ降り	傘をさしていてもぬれる			
30以上～50未満	激しい雨	バケツをひっくり返したように降る		寝ている人の半数くらいが雨に気がつく	道路が川のようになる	高速走行時、車輪と路面の間に水膜が生じブレーキが効かなくなる。（ハイドロプレーニング現象）
50以上～80未満	非常に激しい雨	滝のように降る（ゴーゴーと降り続く）	傘は全く役に立たなくなる		水しぶきであたり一面が白っぽくなり、視界が悪くなる	車の運転は危険
80以上～	猛烈な雨	息苦しくなるような圧迫感がある恐怖を感じる				

表に落ちる雨のみを対象とする場合，「降雨量」という表現が用いられている．

ちなみに，我が国の年間の平均降水量は 1700 mm 程度であり（世界平均：880 mm 程度），鹿児島県では 2800 mm 程度となっている．降雨量と雨の降り方の関係性については，気象庁によってまとめられているが（表 4.1），8.6 水害，奄美豪雨，平成 17 年豪雨災害（北薩豪雨）での時間降雨量は最大 99.5 mm（郡山町），89.5 mm（瀬戸内町），92 mm（えびの市）であり，これら豪雨は，「息苦しくなるような圧迫感があり，恐怖を感じ，車の運転が危険となるような激しい降雨であった」と言える．

(3) 洪水と水害

水文学や河川行政において，「洪水」とは，降雨や融雪などにより河川の水位や流量が異常に増大することを指すのが一般である．ここで，「河川水位」とは，何らかの水平面を基準とした河川水面の高さのことであり，河川の水位を表す際の基準として，一般に，東京湾中等潮位（T.P.）が用いられる．また，「河川流量」とは，河川のある断面を単位時間に流れる水の体積のことである．

また，一般に「水害」は，水による災害，すなわち洪水，高潮，津波，融雪によって，洪水や土砂流出が発生し，その結果，人的被害，各種構造物の損壊と，それに伴う社会的機能の低下等の被害が生じることを指す（「水災」と呼

ばれることもある).水害と土砂災害を区別することもあるが,上記の定義のように,河川行政においては,豪雨によって生じる土砂災害も水害に含むのが一般的なようである.

(4) 河川空間の表し方

河川の水は,標高の高い所から低い所へ流れており,標高の高い方を「上流」,低い方を「下流」と呼び,川の流れの方向に向かって(上流から下流を見る)右側の岸を「右岸」,左側の岸を「左岸」と呼ぶ(図 4.1).

また,河川の水を「外水」と呼ぶのに対し,人が住んでいる場所にある水を「内水」と呼ぶ.同様に,堤防が存在する場合には,堤防によって洪水氾濫から守られている住居や農地のある側を「堤内地」,堤防に挟まれて水が流れている側を「堤外地」と呼ぶ.昔,日本の低平地の住民は,輪中堤によって洪水という外敵から守られているという感覚があり,自分の住んでいる場所を堤防の内側と考えたことから,このような「内」と「外」の概念が根付いたと考えられている(図 4.1).

河川の中で,最も主要な流路を「本川」(あるいは「幹川」)と呼び,本川に合流する河川を「支川」,本川から分岐する河川を「派川」と呼ぶ(図 4.2).

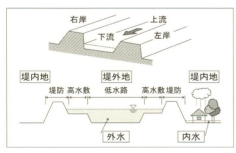

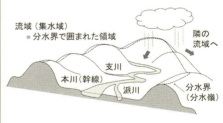

図 4.1 河川空間の表し方　　　　　図 4.2 流域の模式図

(5) 浸水と氾濫

洪水によって堤内地が水に覆われることを,一般に「浸水」と呼ぶが,田畑

や道路などが水に浸ることを別途「冠水」として区別することもある．豪雨によって生じる「浸水」や「冠水」は，「外水氾濫」と「内水氾濫」という2つの要因によって生じている．

この内，「外水氾濫」（あるいは単に「氾濫」）は，河川水により家屋や田畑が浸水することであり，その原因として，「堤防決壊（河川の増水により，堤防が壊れること，従来は『破堤』）」，「溢水（無提区間で河川水が堤内地に溢れること）」，「越水（堤防設置区間で河川水が堤内地に溢れること）」が挙げられる．

堤防から水が溢れなくても，市街地に降った大雨が地表に溢れることを，「内水氾濫」と呼び，外水氾濫と区別がなされている．同一の豪雨において，内水氾濫と外水氾濫の両方が発生することもある．

(6) 雨水が河川を流れる仕組み

河川には，降雨時だけでなく，晴天時にも水が流れている．この水は，山地等に降った雨が一旦地下に浸透した後，時間をかけてゆっくりと地中を流れ浸み出すという流出過程によってもたらされたものであり，このような過程は「基底流出」あるいは「地下水流出」と呼ばれる（地層や岩石の性質により異なるが，地下水が涵養されてから流出するまでの時間は数カ月～数百年と言われている）．一方，降雨時には，比較的短時間に河川は増水（平常の水位よりも水かさが増すこと）するが，この過程には，地表を流れて河川に流入する「表面流出」，地表付近の比較的空隙の多い土層中を流れて河川に流出する「中間流出」が寄与している（図4.3）．なお，地表面に降った雨は，全て河川に流出する訳ではなく，その一部は，土壌と植生からの「蒸発」あるい

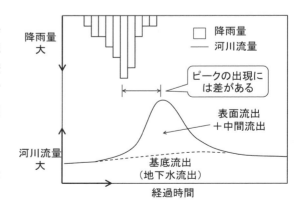

図4.3 降雨と河川流量の時間変化

は「蒸散（植物体内の水分が気孔を通じて大気に発散すること）」によって，水蒸気として大気に戻る．これらの過程は，まとめて「蒸発散」と呼ばれる．

　ある河川のある地点に着目した場合，降水がその河川に流入する範囲のことを「流域」（あるいは「集水域」）と呼び，その境界となる山稜を「分水界」（あるいは「分水嶺」）と呼ぶ（図4.2）．流域の面積は，「流域面積」と呼ばれるが，河川の流量は，降水量と流域面積が大きいほど大きくなることが知られている．国土の7割を山地が占める我が国では，流域面積の中で山地の占める割合が多い．森林が形成された山地では，樹木の下に空隙部分が多い腐植土層が形成されており，雨水をスポンジのように吸収・貯留するため，山地において表面流出は出現しにくいとの指摘がなされている．このような森林土壌の雨水貯留効果は，「緑のダム効果」と言われているが，腐植土層の発達・維持には，間伐等の森林管理が必要であり，また樹木が伐採された，いわゆるハゲ山になると腐植土層は消失することから，古来，洪水対策としても森林管理が行われてきた．

　各河川の流域面積は，河口を基準として比較されている．我が国で最も流域面積の大きい河川は，利根川（1万6842 km^2）である（世界最大はアマゾン川：700万 km^2）．また，九州地方で最も流域面積の大きい河川は，筑後川（2863 km^2，全国で21番目）であり，川内川，肝属川の流域面積は，それぞれ1600 km^2, 485 km^{2}である．

　河川の大きさを表すもう一つの代表的な指標として「幹線流路延長」があるが，これは，幹川の河口から水源（分水界上の点）までの流路の長さのことである．我が国ならびに九州において最も長い幹線流路延長をもつ河川は，それぞれ信濃川（367 km），筑後川（143 km）であり（世界最長はナイル川：6650 km），川内川，肝属川の幹線流路延長は，それぞれ137 km, 34 kmである．

（7）降雨と水位の関係

　河川の水位の上昇は，降雨によってもたらされるが，平成5年の8.6水害においては，甲突川上流の郡山や伊敷地区に降った豪雨により，下流でも広範囲に浸水被害が発生した．このように，河川の水位は，その場所の降雨と同じように変化している訳ではない．

図4.3に降雨と河川流量の時間変化の関係を示す．降雨と流量の時間変化は一致しておらず，降雨がピーク値を取った後，遅れて流量はピーク値を取る．つまり，雨が小降りになったからといって，近くの河川の水位が下がる訳ではなく，豪雨災害のリスクを予測する際，この点には注意が必要である．

　上記のように，降雨量の変化に対し河川流量の変化が遅れる理由として，流域内の地表に降った雨が河川に到達するのに所定の時間を要することが挙げられる．このようなタイムスケールは，「洪水到達時間」と呼ばれるが，洪水到達時間は，降雨量と河川流量（あるいは水位）の最大値が出現する時間差の2倍程度になることが知られている．洪水到達時間は，流域の斜面勾配（急峻な流域ほど洪水到達時間は短い）や土地利用によっても影響を受けるが，流域面積による影響が最も大きい．流域面積が100km^{2}程度の都市河川の洪水到達時間は2〜3時間，利根川のような流域面積が1万km^{2}程度の河川で2〜3日，大陸の大河川（流域面積：100万km^2）で数週間となるとの概算値が得られている．このため，一般的には流域面積が大きい河川ほど，降水量と河川流量（あるいは水位）の最大値が出現する時間差が長くなり，逆に，流域面積の小さな中小河川ほど，豪雨発生後，短期間で水位はピークに到達することになる．

3．過去の水害や豪雨災害

(1) 水害の戦後史

　高橋（1988）は，明治以降（1985年までを対象）の水害被害額と死者・行方不明者の推移を調べ，1945年から1959年の期間に，水害による死者・行方不明者が多いことを明らかにしている（図4.4）．また，1945年の敗戦直後と1950年代後半とでは，水害の性格に大きな相違があり，敗戦直後の水害は，治水事業が極めて不備であった上に，荒廃していた国土を襲った水害であったのに対し，1950年代後半の水害は，高度成長期の入口に立ち，大都市への人口集中が始まりつつあった国土を襲った水害であると指摘している．

　さらに，1960年代以降（1985年まで），それ以前ほどに水害によって多くの犠牲者を出さなくなったのは，超大型台風が日本列島を襲っていないこと，その後，国土保全事業も進捗したことや，通信情報システムの進展によって，国

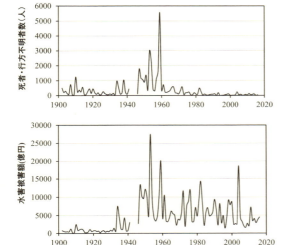

図 4.4 死者・行方不明者数と水害被害額の変化
（国土交通省「水害統計調査」に基づいて作成，水害被害額は平成23年価格で表示）

全体の防災力，とりわけ人命尊重のための体制が，50年代までより，はるかに進歩したことが理由であるとしている．

上記のように1960年代以降（1985年まで）においては水害による死者数が激減しているが，同時にその内訳も変化しており，土砂崩壊による死者の比率が過半を占めるようになったことが明らかにされている．大河川堤防の決壊件数が減り，それによる死者を減らすことができたが，土石流の場合は，現象発生（斜面崩壊）から被害発生までの時間が極端に短く，対策が難しいことが，その原因と考えられている．

また，国土交通省によると，1975年以降（2003年までを対象），豪雨による浸水面積は減少傾向にあるが，都市化の進展により面積あたりの一般資産額が増加し，結果的に，一般資産被害額が増大しているとの指摘がなされている．

(2) 平成以降，鹿児島で発生した豪雨災害

上述したように，治水事業によって，宅地等の浸水面積は減少傾向にあるものの，依然として，全国各地で豪雨による災害が発生している．平成以降，激甚災害に指定された鹿児島県での豪雨災害を以下にまとめる．

「平成5年8月豪雨災害」：

平成5年（1993年）8/1に鹿児島県姶良郡（当時）を中心とした地域を襲った集中豪雨（8.1豪雨）ならびに同年8/6に鹿児島を中心とした地域を襲った集中豪雨（8.6豪雨）によって生じた災害である．被害状況は，7/31 〜 8/6に

おいて，死者71人，家屋全壊446棟，半壊301棟，一部損壊810棟，床上浸水1万546棟，床下浸水7514棟であった．

平成5年夏には，上記の豪雨だけでなく，6/12〜7/8の集中豪雨，8/10の台風7号，9月の台風13号と，豪雨が立て続けに鹿児島県を襲った．平成5年夏全体での鹿児島県での被害状況は，死者121人，家屋全壊729棟，半壊1087棟，一部損壊3万3850棟，床上浸水1万2051棟，床下浸水1万2568棟であった．また公共施設等の被害総額は，3002億円であった．

「平成18年7月鹿児島県北部豪雨災害」：

平成18年7月豪雨は，7/15〜7/24に南九州や北陸地方，長野県，山陰地方を襲った梅雨前線による記録的な豪雨であるが，鹿児島県では，7/19〜7/23の記録的な大雨によって，阿久根市，出水市，大口市，薩摩川内市，霧島市，さつま町，長島町，菱刈町，湧水町において被害が生じた．被害状況は，死者5人（土砂災害3人，土砂災害以外の水害2人），家屋全壊242棟，半壊1225棟，一部損壊74棟，床上浸水376棟，床下浸水1265棟，公共施設等の被害額288億円であった．

「平成22年10月奄美豪雨災害」：

平成22年10月奄美豪雨は，10/18〜10/21に奄美大島を襲った記録的豪雨によりもたらされた．その被害状況は，死者3人（土砂災害1人，土砂災害以外の水害2人），家屋全壊22棟，半壊551棟，一部損壊12棟，床上浸水116棟，床下浸水850棟，公共施設等の被害額124億円であった．なお，奄美大島では，平成23年9/25〜9/27にも豪雨が発生しており，その被害状況は，死者1人（土砂災害），家屋全壊4棟，半壊120棟，一部損壊1棟，床上浸水145棟，床下浸水445棟であった．さらに同年の11/2にも豪雨が発生し，瀬戸内町・古仁屋では，時間雨量143.5 mmが観測された．この豪雨による死者・行方不明者はいなかったが，家屋半壊145棟，床上浸水105棟，床下浸水465棟であった．

「平成28年台風16号による災害」：

平成28年9/19に，台風16号により，西日本広域（特に宮崎県など九州南部）で生じた災害である．本台風によって，曽於市・長江川が増水し，県内最古級の石橋である恒吉太鼓橋が流失し，さらに垂水市牛根麓地区では，磯脇川に架かる国道220号の橋が流された．鹿児島県において，死者・行方不明者は

出なかったが，家屋全壊 6 棟，半壊 60 棟，一部損壊 1933 棟，床上浸水 45 棟，床下浸水 294 棟であった．また，公共施設等の被害額は，242.5 億円となった．本台風によって生じた災害は激甚災害として指定されたが，農業関係の被害額は被災地全体で 147 億円にものぼったことから，農業用施設，林道，農林水産業共同利用施設等の復旧事業に対して，国庫による補助率の嵩上げ等の措置が取られている．また，鹿児島県垂水市で生じた災害は，局地激甚災害に指定され，公共土木施設災害復旧事業等に対して，国庫による補助率の嵩上げ等の措置が取られている．

(3) 昨今の豪雨災害

平成 30 年 6/28 〜 7/8 にかけて生じた「西日本豪雨災害」では，死者・行方不明者が 232 人にものぼり，「平成最悪の水害」と呼ばれている．昭和にまで遡っても，昭和 57 年に 300 人近い死者・行方不明者を出した「長崎大水害（昭和 57 年 7 月豪雨）」以降，最悪の被害となっている．

また，熊本県の熊本地方と阿蘇地方，大分県西部を襲った「平成 24 年 7 月九州北部豪雨災害」（死者 30 人），鬼怒川の堤防が決壊した「平成 27 年 9 月関東・東北豪雨災害」（死者 20 人），福岡県と大分県を中心とする九州北部で発生した「平成 29 年 7 月九州北部豪雨災害」（死者 40 人）等，水害（土砂災害を含む）による被害の深刻化は，ここ最近，特に顕著である．これら水害については，地球温暖化に伴う気候変動によって，雨の降り方が変わったことを反映しているとの指摘もなされている．

(4) 豪雨災害による被災

上記のように，豪雨災害によって，家屋や公共施設が被災し，さらに負傷者が出たり，人命が損なわれることもある．家屋や居住区域一帯が被災すると，その復旧には時間がかかるため，状況によっては，仮設住宅への居住を余儀なくされることもある．ちなみに，(2) において，水害による家屋の被害を，全壊，半壊，一部損壊，床上浸水，床下浸水と分類したが，これらは，罹災証明に基づく家屋の損壊状況や浸水状況に応じて市町村によって認定されている．浸水深による判定においては，住家流出あるいは床上 1.8 m 以上の浸水深が「全壊」，

床上1m以上1.8m未満の浸水が「半壊」，床上1m以上の浸水が「一部損壊」と判定されており，住家の流出や全倒壊だけが「全壊」を意味する訳ではない．

上記の問題に加えて，豪雨災害によって，停電，道路交通網の分断，断水，公共交通機関の運休，保険医療関係機関とその設備の被災，それに伴う医療サービスの劣化，商業施設の被災などにより，都市機能が劣化する．加えて，農林水産業においても農地や施設等の被災により悪影響が生じる．

さらに，昨今では，被災者が，心的外傷後ストレス障害（PTSD：Post Traumatic Stress Disorder）に悩まされ，うつ病，不安障害などを合併させるケースも少なくないことや，車中等での避難生活の長期化がもたらすエコノミー症候群による健康阻害・人命損失などといった間接的な被害も大きな問題となっている．また，避難所での生活は，プライバシーがなく，水害の発生しやすい夏は暑く，床は硬く，トイレの数も足りないため，環境への不満が疲れやストレスを倍増させることも問題視されており，これらの問題を改善するための社会的な対応が必要だと考えられている．

4. 豪雨災害に対する法体系と行政の対応

（1）災害対策基本法

災害対策基本法は，災害対策に関する法律であり，1959年の伊勢湾台風を契機に制定された．①災害予防（災害の予防），②災害応急対策（応急対応），③災害復旧（復旧・復興）の3点に関する基本的な対応を定めることにより，総合的かつ計画的な防災行政の整備及び推進を図り，社会の秩序と公共の福祉の確保に資することを目的としている．災害対策基本法に基づいて，風水害に対する災害の予防の方針が河川法において定められている．

（2）地域防災計画

「地域防災計画」は，災害対策基本法の規定に基づいて，市町村の地域防災に関し，総合的かつ計画的な防災行政の整備及び推進を図ることを目的としており，種々の災害に対して，①災害の予防，②応急対応，③復旧・復興についての具体的な対応が定められている．水害に対する応急対応は，以下の（4）

に示す「水防計画」や「水防法」に準じている．

(3) 河川法（災害の予防）

「河川法」は，河川を総合的に管理するために必要となる河川行政に関する基本法である．1997年の改正では，河川環境の整備と保全が追加され，治水・利水・環境の総合的な河川整備が進められることになった．同じ流域内にある本川，支川，派川，およびこれらに関連する湖沼は総称し「水系」と呼ばれるが，河川法に定められた日本の水系の区分により，国土交通大臣が特に重要として指定した水系は「一級水系」と呼ばれ，政令に基づいて，全国で109水系が指定されている．九州地方には，20の一級水系（遠賀川，山国川，筑後川，矢部川，松浦川，六角川，嘉瀬川，本明川，菊池川，白川，緑川，球磨川，大分川，大野川，番匠川，五ヶ瀬川，小丸川，大淀川，川内川，肝属川）が存在し，この内，大淀川，川内川，肝属川が鹿児島県を流れる河川である（図4.5）．一級水系の内，国土交通大臣が指定し，管理を行う河川は「一級河川」と呼ばれている．

河川法によって定められた一級水系以外の水系は「二級水系」と呼ばれ，この内，都道府県知事が指定し，管理を行う河川が「二級河川」である．鹿児島県には160の二級水系と，310の二級河川が存在する．一級及び二級河川の河川延長は，合わせて2659 kmに達している．

さらに，一級河川，二級河川以外の河川で市町村長が指定し管理を行う河川は「準用河川」と呼ばれる．鹿児島県において，市町村が管理する準用河川は1279河川存在し，河川延長は1672 kmに達し

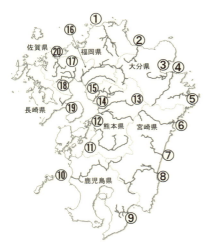

図4.5　九州の一級河川
（http://www.craftmap.box-i.net/）

①	遠賀川
②	山国川
③	大分川
④	大野川
⑤	番匠川
⑥	五ヶ瀬川
⑦	小丸川
⑧	大淀川
⑨	肝属川
⑩	川内川
⑪	球磨川
⑫	緑　川
⑬	白　川
⑭	菊池川
⑮	矢部川
⑯	筑後川
⑰	嘉瀬川
⑱	六角川
⑲	本明川
⑳	松浦川

ている．

　また，河川をどのように整備・管理していくかについての指針を示す計画は，「河川計画」あるいは「河川整備計画」と呼ばれる．治水計画，利水計画，環境計画によって構成されているが，河川法に基づいて，河川管理者は具体的な計画の内容を「河川整備基本方針」と「河川整備計画」に定めることを義務付けられている．

(4) 災害救助法，水防法，水防計画（応急対応）

　「災害救助法」では，災害直後の応急的な生活の救済などが定められており，多数の住家や生命・身体への危害が生じた（あるいは生じる恐れのある）被災地に対し適用される．

　一方，「水防計画」は，「水防法」の規定に基づいて，都道府県知事から指定された指定水防管理団体たる市町村が，水災を警戒・防御し，住民の安全を保持するため，水防の万全を期することを目的としている．水防計画では，水防活動として，①気象警報，水防警報等の収集・伝達体制，②水防警報を行う河川，③水防団（消防団）の活動を主とする市町村の水防活動，④非常配備体制，⑤警察官の出動，自衛隊の派遣，⑥決壊後の処理，⑦避難勧告，避難指示による避難のための立退き，⑧ダムの水門等の操作などといった，具体的な災害応急対策が主に定められている．

　また，地方の建設業者と，国，県，市町村の間には，災害協定が結ばれており，大規模災害時には，建設業者による応急復旧対応が速やかに実施されている．

(5) 被災者生活再建支援法，激甚災害法（生活再建，復旧・復興）

　「被災者生活再建支援法」は，自然災害による被災者への支援を目的とした法律であり，1995年1月17日に発生した阪神・淡路大震災をきっかけに制定された．本法は自然災害による被災者の内，経済的理由等によって自立して生活を再建することが困難な者に対し，都道府県から支援金を支給することにより，自立した生活の開始を支援することを目的としている．被災者生活再建支援に関する制度はいくつか存在し，鹿児島市の各種制度については，市内の全世帯に配布される「わが家の安心安全ガイドブック＆防災マップ2018」にま

第4章　豪雨によって生じる水害とその対策

写真 4.1　わが家の安心安全ガイドブック＆防災マップ 2018
（鹿児島市・全戸に配布されている）

とめられている（写真 4.1）．

一方，「激甚災害に対処するための特別の財政援助等に関する法律（激甚災害法）」は，発生した災害の内，その規模が特に甚大であり国民生活に著しい影響を与えたものに対し，地方公共団体（都道府県・市町村）及び被災者への復興支援のため，国が通常を超える特別の財政援助または助成を行うことを目的としている．激甚災害指定には，①全国規模で指定基準を上回る規模となった災害に対して指定される激甚災害（通称「本激」）と，②市町村単位で指定基準を上回る規模となった災害に対して指定される激甚災害（局地激甚災害，通称「局激」）の2種類が存在する．

(6) その他の制度

「避難行動要支援者避難支援等制度」

「避難行動要支援者避難支援等制度」は，災害時に自力で避難することが困難な要介護者や重度の障害者等の人々が地域の中で避難支援を受けられるように「避難行動要支援者名簿」を作成し，個別支援計画作成の支援や日頃の見守りなどに役立てることを目的としている．

「自主防災組織」

自主防災組織とは，概ね町内会単位で作られる地域住民による任意の防災組織である．大災害が発生した場合，消防や警察等の公共機関が十分対応できない可能性もあるため，自主的な「共助」の組織である自主防災組織への積極的な参加が望まれており，市町村によって，活動のアドバイス・支援，防災活動への補助・助成制度が設けられている．

「水害保険」

　水害による被害は，基本的には，火災保険によって保証されるが，火災保険のタイプによっては，水害が補償されるものと補償されないものがあるので，自らが加入している火災保険はどちらのタイプか確認することが必要である．最近では，住宅総合保険といわれている「想定される様々な災害をセットで保障する」というタイプの保険が主流になりつつある．

「災害ボランティア」

　災害ボランティアとは，主に，地震や水害，火山噴火などの災害発生時および発生後に，被災地において復旧活動や復興活動を行うボランティアを指す．被災地における復旧活動や復興活動において，災害ボランティアはもはや不可欠の存在となっている．

5．洪水防御計画の概要

(1) 河川整備基本方針と河川整備計画

　河川管理者は，具体的な計画の内容を「河川整備基本方針」と「河川整備計画」に定めることを，河川法によって義務付けられている．「河川整備基本方針」は，長期的な整備の方針や整備の基本となるべき事項を定めるものであり，「河川整備計画」は，20～30年程度の期間に行われる具体的な整備内容を定めるものである．「河川整備基本方針」と「河川整備計画」には各河川の災害予防のための洪水防御（治水）計画の具体的な内容も定められている．

(2) 計画規模（治水安全度の設定）

　洪水防御計画の策定において必要になる計画規模については，河川の重要度を重視するとともに，既往洪水による被害の実態，経済効果等を総合的に考慮して定めることが基本とされている．

　対象とする水文量が平均的にT年に1度の割合で生起する時，このTを「確率年」（あるいは「再現期間」）と呼ぶ．洪水防御（治水）計画においては，対象とする水文量を年最大降水量とし，計画が策定されている．

　特定の期間N年を対象にT年に1度以上の水文量が生起する確率は，ベル

ヌーイ試行によって与えられ，N=1 年の場合（つまり，ある 1 年間を対象として T 年に 1 度以上の水文量が生起する確率を考えた場合），その確率は「年超過確率」と呼ばれる．洪水防御（治水）計画における計画規模は，年超過確率で表され，確率年を分母に用いて，1/100, 1/200 のように具体的に記述される．分母の確率年が大きくなるほど，対象とする降水量は大きくなり，より安全性の高いハード対策が実施されることになる．

一級河川の主要区間の計画規模は 1/100 〜 1/200 であるが，中小河川では，確率年が 10 年オーダの河川も少なくない．なお，一級水系の計画規模は，各河川の河川整備基本方針（具体的には「基本高水等に関する資料」）に示されている．河川整備基本方針が決まった一級河川で見ると，利根川，荒川，多摩川，庄内川，太田川の計画規模が 1/200 年となっている．九州の一級河川（河川整備基本方針が決まった河川）で見た場合，遠賀川，筑後川，白川，緑川，大淀川の計画規模が 1/150 年であり，それ以外は 1/100 年となっている．

また，鹿児島市を流れる甲突川の計画規模は，1/50 年であったが，8.6 水害を受けて，1/100 年に変更された．

(3) 基本高水の設定

「基本高水」は，洪水を防ぐための計画で基準となる洪水流量の経時変化である．一般に，人工的な施設で洪水調節が行われていない状態，言い換えれば，流域に降った計画規模の降雨がそのまま河川に流れ出た場合の河川流量を表している．計画基準点を定め，上記の計画規模に基づいて降雨量と降雨継続時間を設定することで対象降雨を決定する．それを入力データとし「洪水流出モデル」を適用することにより洪水流量を求め，基準地点における基本高水（流量）が設定される．なお，基本高水（流量）の決定においては，既往の洪水，計画対象施設の性質等が総合的に考慮される．一級水系の計画基準点と基本高水は，各河川の河川整備基本方針に示されている．

(4) 計画高水流量の設定と各種対策の検討

上記の基本高水（流量）は洪水調節が行われていない状態の流量であるが，洪水による被害が生じないように，基本高水（流量）をダム等の洪水調節施設

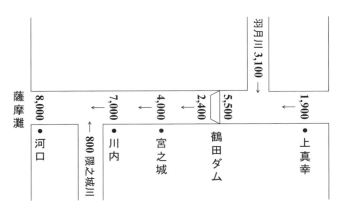

図 4.6　川内川の計画高水流量図
　　　　（国土交通省：川内川河川整備基本方針より作成）

と河道に配分した流量を「計画高水流量」と呼ぶ．計画高水流量は河川の主要地点において定められ，これによって，洪水調節施設の規模が決められることになる．一例として図 4.6 に川内川における高水計画流量の配分図を示す．

(5) 計画高水位と河道計画

「計画高水位」とは，計画高水流量が河川改修後の河道断面（計画断面）を流下するときの水位である．「河道計画」では，計画高水位以下で計画高水流量を流せるような，川幅や水深，河床勾配などが決定される．また，堤防の高さは計画高水位に一定の余裕（「余裕高」）を見て高めに設定されている．

6. 外水氾濫や内水氾濫を防ぐためのハード対策

(1) ダムによる洪水調整

貯水や利水等に役立てられる「ダム」と「堰」は，基礎地盤から堤頂までの高さによって区分されており，15 m 以上のものが「ダム」と定義されている．

ダムの目的は多岐にわたっているが，主に，治水目的（洪水調節，農地防災，不特定利水および河川維持用水）と利水目的（かんがい，上水道供給，工業用水供給，水力発電，消流雪用水，レクリエーション）に大別される．複数の機

能を有するものは一般に「多目的ダム」と呼ばれる．

ダムの洪水調節方法として，一定率一定量調節方式，自然調節方式，一定量放流方式，一定開度方式，不定率方式などがある．この内，「一定率一定量調節方式」は，計画の最大流量まではダムへの流入量に一定の率をかけた量を放流し，最大の流入量に達した後はその時の放流量に固定する方式であり，「定率定量」という略称が用いられることもある．

ちなみに，川内川の中流域に設けられた鶴田ダムは，洪水調整と発電を目的とした多目的ダムである（堤体高：117.5 m，有効貯水容量：9万8000千 m^3，洪水調節容量：9万8000千 m^3）．ダムの形態はコンクリート式重力ダムであり，放流方式として（段階的）一定率一定量調節方式が採用されている．なお，鶴田ダムにおいて洪水調節を行う「洪水期」は，6/11〜10/15であり，ダム流入流量が600 m^3/sを超えると洪水調節が開始される．

洪水調節を目的とするダムの中には，洪水調節のための容量を確保するために，洪水期に限って常時満水位よりも水位を低下させるダムもある．その基準となる水位として，常時満水位よりも下に「制限水位」が設定され，洪水期においてはその水位以下で貯水位が管理される。また，想定された計画洪水量を超える洪水が発生し，このままではダム水位がサーチャージ水位（洪水時にダムが貯留する際の最高水位）を超えると予想される時には，特例操作である「ただし書き放流」（「緊急放流」とも呼ばれる）が行われる．

一般に，上流やダム湖側岸からの土砂の供給により，ダム湖の湖底には土砂が堆積するが（「堆砂」と呼ばれる），堆砂によってダムの貯水容量は時間とともに減少するため，ダムの貯水容量は，堆砂容量を見越した上で定められている．

ダム堤体の嵩上げ，施設強化，貯水池掘削などによって既存のダムの機能を強化したり，ダムをリニューアルする事業のことを「ダム再開発事業」と呼ぶ．平成18年7月豪雨を受け，鶴田ダムでは，洪水調節容量を増やすため，放流管の位置を下げるダム再開発事業が平成19年度から平成29年度に実施された（図4.7，写真4.2）．

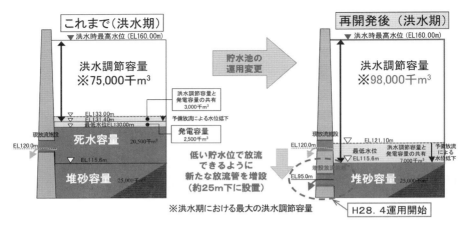

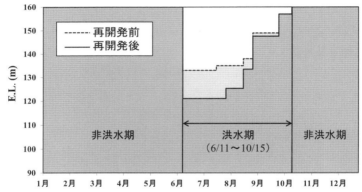

図 4.7 鶴田ダム再開発事業
(国土交通省パンフレット「鶴田ダム再開発事業」, 平成 25 年「鶴田ダム」より抜粋・作成)

(2) ダム以外の貯留施設

　洪水時に下流河道の増水を防ぐために，河川沿いの低湿地等に，自然または人工的に洪水の一部を貯めることを目的として設けられた地域を「遊水地」，また貯める施設を「遊水池」あるいは「調節池」と呼ぶ．人工的な遊水池においては，河道と遊水池を分離するために「囲繞堤」が設けられている．その一部を越流堤とすることで，洪水時に水位があるレベルを超えると，遊水池に河川水が越流し，河道を流れる流量が低減される（図 4.8）．

第4章　豪雨によって生じる水害とその対策

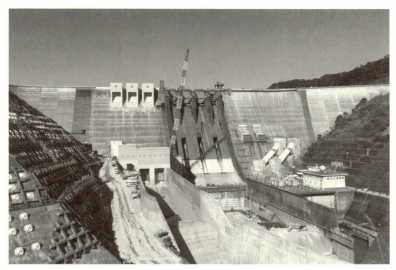

写真 4.2　鶴田ダム堤体（再開発工事中，2017年2月27日撮影）

都市部の河川改修においては，用地取得の困難性等の理由で，「地下河川」や「地下調節池」を活用した治水が実施されることもある．

(3) 河道横断面と堤防

河川工学や水理学では，河川において水が流れる方向は「縦方向」，それと垂直な方向は「横方向」と定義される．このため，流れに対し垂直方向に切られた断面は「横断面」と呼ばれる．「高水敷」と「堤防」を有し，水位により水面幅が大きく変化する横断面形状は「複断面」と呼ばれるが，このような断面形状にすることで，平常時に所定の水深を確保すると同時に，洪水時には流水面積を確保することができる（図 4.1）．平常時，水が流れる水路部を「低水路」と呼ぶが，洪水時には，低水路部分よりも高水敷での流速が小さくなるため，複断面形状は堤防を侵食から守る上でも有効な横断面形状だと考えられている．さらに，平常時の高水敷は，スポーツや各種レクリエーションのためのスペースとしても有効に活用されている．

河道の流下能力を高めるためには，河道の浚渫（河床を掘り下げること），河道の拡幅，堤防の位置の変更等といった「河道改修」が行われる．洪水時の

流水面積を大きくするため，堤防の位置を堤内地側に移動させることは「引提」と呼ばれる．

堤防には種々のタイプが存在する．この内，「霞提」は，武田信玄が編み出した築堤工法である（図4.9）．洪水時には，堤防の開口部から，流水の一部が堤内地に逆流することにより，洪水の勢いが弱められ，堤防への負荷が減少し，また洪水後の水の引きが早いことが知られている．流水の一部が逆流する堤内地として，田畑が選択されることが多いが，地域における合意形成が必要になってくる．また河川の水位が堤防の高さを越えたとしても決壊しない，高さの30倍の幅を有する堤防は「スーパー堤防（高規格堤防）」と呼ばれている．

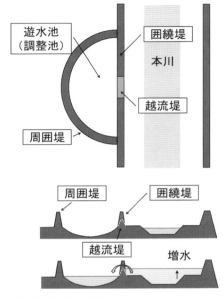

図4.8 遊水池の機能
（上図：平面図，下図：横断図）

堤防整備状況を把握するために，「堤防必要区間（現時点の計画上，堤防が設置されることが必要な区間，単位:km）」を「計画断面堤防区間（計画通りの堤防が設置されている区間）」，「暫定断面堤防区間（堤防はあるが計画通りではない）」，「無堤防区間」に分け，堤防必要区間に対する割合が調べられている．一級河川の無堤防区間の割合は（平成30年3月末時点），全国平均で5.7%であり，川内川，肝属川はそれぞれ4.3, 2.6%である．

なお，南九州では，地表がシラス（2次シラス）で覆われており，古くから河川堤防や道路盛土の築造材料としてシラスが使用されている．シラスは，通常の砂質土と比べ細粒分が多く軽いため，シラスで築造された河川堤防や盛土は水の浸透に対して脆弱で侵食されやすい性質を有している．このため，その使用やシラス堤防の維持・管理のためには特別な配慮が必要である．

第4章 豪雨によって生じる水害とその対策

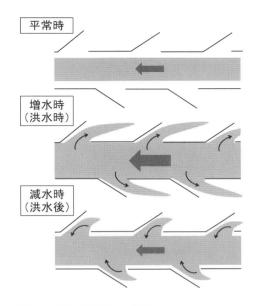

図 4.9 霞堤（信玄堤）の機能

（4）河道地形や流下能力保持のための方策

河床を形成している河床材料（礫，砂，シルト等）は，粒径が小さいほど，また流れが速いほど移動しやすい．さらに，河川水中の固体は，粒径が大きいほど，また流れが小さいほど沈降しやすい．

河川の横断方向，縦断方向の形状は，このような土砂の移動，さらには，河床の侵食，土砂の堆積，土砂供給量の変化によって常に変化している．洪水時には，河道中の土砂の移動や侵食がより一層活発になることから，土砂の堆積・侵食によって河道形状は大きく変化することもある．もともと河床材料の粒径が粗く侵食に強い河床であっても，一旦，洪水によって粒径の粗い土砂が流出すると，侵食や河床低下が加速度的に進行することになる．

侵食が進むと，堤防が壊れるリスクが高まり，堤防決壊による被害の増大が懸念される．一方，堆積が進むと，水が流れる河道の横断面積が減少し（「流下能力の低下」と呼ぶ），洪水時に越流による氾濫が生じる可能性が高くなる．

河床の侵食を抑制するために，河道に「床固め」（あるいは「床止め」）と呼ばれる構造物が設置される場合がある．また，粒径の粗い礫等によって河床を埋め戻す場合もある．河道側岸の侵食を防ぐために，「護岸」が整備されるが，水の流れを変え，河岸近傍の流れを弱めるために「水制工」が設けられることもある（写真 4.3）．

高水敷中に植生が繁茂している状態で，高水敷が冠水するような増水があると，植生周りにトラップされた土砂が堆積し，河道の流下能力が著しく低減することがある．このため，河道地形を維持するために，定期的に河道の植生管

写真 4.3　護岸と床固め

理が実施されることもある．

　流域中にダム貯水池や砂防ダムが建設されると，土砂の供給が止まってしまうため，その下流で河道の侵食が進行することがある．このため，砂防ダムでは構造をスリット型にするなど，土石流の発生に寄与する大きな石は止め，それ以外の土砂は下流に流す工夫がなされることもある．また，貯水ダムでは，ダム貯水池への土砂の流入をなくすため，バイパストンネルが設けられたり（美和ダム），あるいはダム自体に排砂管や排砂ゲートなどといった土砂を下流に流す装置を設置する（井川ダム，宇奈月ダム）等の工夫がなされることもある（図 4.10）．

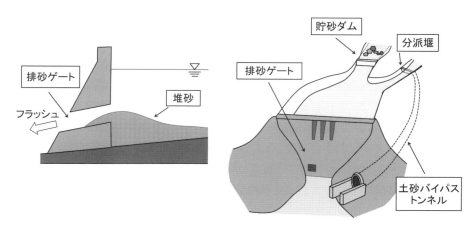

図 4.10　排砂ゲート（左）と土砂バイパストンネル（右）の模式図

写真 4.4　洪水時において橋脚に溜まった流木
　　　　（国土交通省パンフレット「川内川激特記録誌」より抜粋）

　豪雨によって山地で土砂崩れが発生すると，土砂だけでなく流木が下流に運ばれるが，橋梁区間では，特に流木が橋脚や橋桁に溜まりやすいため（写真4.4），流木も河道の流下能力を著しく低下させる要因となる．流木対策としては，植林，樹木管理といった山地崩壊を少なくする発生源対策もあるが，流木が橋桁に引っ掛からないように，橋桁の高さを高くする等の対策が取られることも多い．

(5) 分水路，放水路

　拡幅等によって現河道の流下能力を高めることができない場合，あるいは河川改修延長を短縮することを目的とした場合，「分水路」や「放水路」が新たに開削される．いずれも河川の途中から分岐させた新川を人工的に開削するが，放流先が海または他の河川である水路は「放水路（もしくは分水路）」と呼ばれ，同一河川の場合は「分水路」と呼ばれる（図4.11）．

　河道の蛇行部では，洪水の流下能力が低下し，氾濫が生じやすいが，このような河道の弯曲による洪水疎通阻

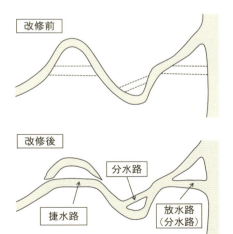

図 4.11　放水路，分水路，捷水路

害が著しい場合には，流路を直線化するために新水路が掘削されることがあるが，このような水路は「捷水路」（あるいはショートカット）と呼ばれる．捷水路の開削後，蛇行していた当時の姿を残す周辺の旧河道は，取排水路，漁場，レジャーの場として利用されることがある．

(6) 内水氾濫対策

堤防から水が溢れなくても，市街地に降った大雨が地表に溢れることを，「内水氾濫」と呼ぶが（国土交通省HPより），「内水ハザードマップ作成の手引き」では，①排水先である本川の水位には余裕があるが，下水道の雨水排水能力を上回る降雨による浸水，②下水道の雨水排水能力以下の降雨であるが，河川に余裕がなく放流できないことによる浸水，③下水道の雨水排水能力を上回る降雨による浸水と，河川へ放流できないことによる浸水が同時に生じた浸水が，「内水による浸水」とされている．①，③の浸水を防ぐためには，下水道の雨水排水能力を高める必要がある．また，②，③のように，排水先の本川の水位が高い場合，支川や水路からそのまま排水を行うと，逆流（「背水現象」，「バックウォーター現象」と呼ばれる）が生じ，水路や支川周辺で外水氾濫が生じる恐れがある．このため，本川と支川・水路との合流部に「樋管」，「樋門」，「水門」が設けられ，本川が増水した場合は，これらが閉鎖される．内水排除のために，現在では，これら施設に排水機場が併設されることが多く，内水はポンプを使って強制排水される．ちなみに，堤防の下をくぐるものを「樋管」，「樋門」，堤防を切断して設置するものを「水門」と呼ぶ（写真4.5）．

また，②，③のように，本川の水位が高いことが問題となる場合には，河道

写真4.5　樋門

改修によって本川の流下能力を高める必要がある．また，豪雨時においてのみ本川とは別の水路に水を流す「分水路」や「放水路」が設けられることもある．

　内水氾濫は，一般に，外水氾濫に比べ人命の損傷を伴うことは少ないが，発生頻度は高くなると言われている．また，都市化の進展により，不浸透面積が増加し，雨水の浸透能力が低下することから，東京都などのような都市での洪水被害は，内水氾濫による被害額が外水氾濫の被害額を大きく上回っている（東京都の場合，10倍程度）．近年，集中豪雨が増加し，さらに地下街の増加等により浸水被害ポテンシャルも増加していることから，都市部において内水氾濫対策は重要な課題となっている．

7．洪水による被害軽減のためのソフト対策

(1) 気象警報

　気象庁は，対象となる現象や災害の内容によって6種類の「特別警報」，7種類の「警報」，16種類の「注意報」を，気象警報として発表しているが，豪雨や洪水に関連した警報として，「大雨警報（浸水害）」，「洪水警報」の2種類がある．

　「大雨警報（浸水害）」は，地面の被覆状況や地質，地形勾配など，その土地がもつ雨水の溜まりやすさの特徴を考慮し，降った雨が地表面にどれだけ溜まっているかを，タンクモデルを用いて数値化した「表面雨量指数」に基づいて発表されるものである．

　一方，「洪水警報」は，河川からの外水氾濫の危険性を示すものである．洪水警報の発表において，河川は，「洪水予報河川」，「水位周知河川」，「その他の河川」の3種類に分類され，それぞれについて異なる情報が提供されている（表4.2）．

　この内，「洪水予報河川（全国で421河川）」は，国や都道府県が管理する河川の内，流域面積が大きく，洪水により大きな損害を生ずる河川であり，国土交通省または都道府県と気象庁が共同で，洪水予報（「指定河川洪水予報」）やリアルタイム河川水位（図4.12）に関する情報を提供している．また，洪水害発生の危険度を色分けし地図上に示した「洪水警報の危険度分布」（口絵4.1）

表 4.2　河川の分類と洪水警報の種類（気象庁・防災情報 HP に基づいて作成）

河川の分類	洪水予報河川	水位周知河川	その他河川
洪水に関する重要な情報	指定河川洪水予報	水位到達情報	
	リアルタイム河川水位	（川の防災情報）	
	洪水警報・注意報		
	洪水警報の危険度分布		

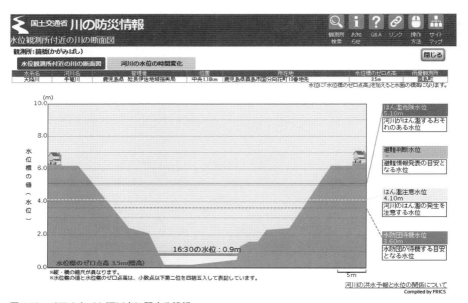

図 4.12　リアルタイム河川水に関する情報
（国土交通省・川の防災情報 HP より抜粋）

も情報として提供している．「洪水予報河川」については，氾濫危険水位，避難判断水位，氾濫注意水位，水防団待機水位が設定されているが（口絵 4.2），氾濫注意水位に到達し，さらに水位の上昇が見込まれる場合に「○○川氾濫注意情報（洪水注意報）」，一定時間後に氾濫危険水位に到達が見込まれる場合，あるいは避難判断水位に到達し，さらに水位の上昇が見込まれる場合に「○○川氾濫警戒情報（洪水警報）」，氾濫危険水位に到達した場合に「○○川氾濫危険情報（洪水警報）」，氾濫が発生した場合に「○○川氾濫発生情報（洪水警報）」が発表される．

「水位周知河川」については，水位到達情報，リアルタイム河川水位の情報も提供されているが，指定河川洪水予報の発表対象ではない「水位周知河川（全国で1597河川）」と「その他の河川」についても，「洪水警報の危険度分布」が提供されている．

現在，「洪水予報河川」，「水位周知河川」，「その他の河川」は，全国で3万5000程度存在するが，その内，水位計測の行われている河川は，2000程度である．全ての河川で水位計測を実施することは現実的には不可能であり，また水位計測の行われていない中小河川ほど，危険水位への到達時間は短いことから，上記の「洪水警報の危険度分布」は避難の判断において重要な情報だと考えられている．実際，いくつかの洪水で予測の妥当性も証明されている．さらに，昨今では，洪水時のみモニタリングを行う，水位計（「危機管理型水位計」）が導入されるケースもあり，避難開始の判断に役立てられることに期待が寄せられている．

洪水警報の危険度分布は，気象庁・防災情報HP，国土交通省・川の防災情報HPにて，リアルタイムで確認できる．

(2) 行政による避難情報の発令

行政による避難の指示等については，災害対策基本法の60条において，「災害が発生し，又は発生するおそれがある場合において，人の生命又は身体を災害から保護し，その他災害の拡大を防止するため特に必要があると認めるときは，市町村長は，必要と認める地域の居住者等に対し，避難のための立退きを勧告し，及び急を要すると認めるときは，これらの者に対し，避難のための立退きを指示することができる」と定められている．

災害対策基本法に従って，これまで，「避難準備情報」，「避難勧告」，「避難指示」が存在していたが，平成28年台風第10号による水害において，岩手県岩泉町の高齢者施設で避難準備情報の意味するところが伝わっておらず，適切な避難行動がとられなかったことを踏まえ，「避難準備情報・高齢者等避難開始」，「避難勧告」，「避難指示（緊急）」と名称が変更された．

洪水予報河川の外水氾濫に対し，気象庁の発表する各種情報を参考にしながら，実際の河川の水位に応じ，避難勧告や避難指示を発令するのが一般である．

写真 4.6　橋脚に表示された各種の基準水位

ただし，堤防の決壊要因として，越流だけでなく，堤防の漏水・侵食等も考えられるため，これらの状況も避難情報の判断材料になっている．ちなみに，河川水位の状況は，上述した気象庁・防災情報 HP，国土交通省川・防災情報 HP，さらには NHK 等の地上デジタル放送（データ放送）にてリアルタイムで確認できる．また，水位観測地点の河岸や橋脚に，「避難判断水位」，「氾濫危険水位」等が示されていることもある（写真 4.6）．

　具体的な発令のタイミングとしては，「避難判断水位」が「避難準備情報・高齢者等避難開始」を，「氾濫危険水位」が「避難勧告」を発令する目安となっている．避難が必要な状況が夜間・早朝となる場合にも「避難準備情報・高齢者等避難開始」が発令される．また，堤防決壊や溢水が発生したり，水位計測地点の水位が氾濫危険水位を超え，予測水位が堤防の天端高を超えるような場合には，「避難指示」が発令される（口絵 4.2，と表 4.3 を参照のこと）．「避難指示」が発令される状況は危険度が高いため，住民はそれまでに避難を完了していることが望まれている．

　水位周知河川においては，氾濫危険水位（特別警戒水位）への到達情報のみが発表される場合が多く，これに到達したタイミングが「避難勧告」を発令する目安となっている．水位周知河川は，流域面積の小さい中小河川であることから，降雨により急激に水位が上昇する場合が多く，氾濫注意水位や避難判断水位を超えた後，時間をおかずに氾濫危険水位（特別警戒水位）に到達する場合もあるので，行政や住民もその点を理解することが重要である．なお，内水氾濫に対しても，避難勧告等の基準を別途設定するなどの方針が定められている．

表 4.3　川内川主要地点の水位と各種基準（さつま町防災マップに基づいて作成）

観測所	所在	水位(m)				
		水防団待機	氾濫注意	避難判断	氾濫危険	計画高水位
真幸	宮崎県えびの市	2.40	3.30	4.00	4.70	5.75
栗野橋	湧水町	3.80	4.40	5.10	5.80	7.15
花北（支川羽月川）	伊佐市	4.30	5.10	6.20	7.00	7.50
鈴之瀬	伊佐市	3.30	3.90			7.12
湯田	さつま町	3.50	4.50			9.65
宮之城	さつま町	4.00	5.20	6.40	7.60	8.74
倉野橋	薩摩川内市	6.30	7.60			11.53
川内	薩摩川内市	4.20	4.70	5.10	5.60	6.99

　避難勧告や避難指示の伝達手段としては，①TV放送，②ラジオ放送，③市町村防災行政無線，④野外拡声器，⑤緊急速報メール，⑥SNS，⑦広報車，消防団による広報，⑦電話，FAX，登録制メール，⑧消防団，警察，自主防災組織，近隣住民等による直接的な声かけ等があり，それぞれの手段に一長一短がある．例えば，防災無線は，災害時でも不通になることはなく，情報を直接伝達できる手段であるが，都市部では，人口が多く全世帯への戸別受信機の配備は困難である．一方，緊急速報メールは，市町村からの避難勧告等の情報を，屋内外，移動中を問わず，特定エリア内の携帯電話利用者全員に一斉配信（一斉メール）することができる手法であり，当該エリアに居合わせた住民以外の人にも情報伝達することができる．ただし，字数制限があることから情報量が限られること，対応機種の普及率が6～7割程度であること，緊急速報メールの配信の基準が決められていない場合があること，等の問題点もある．

　住民に対する避難情報とは別に，河川管理者として国土交通大臣または都道府県知事が，水防機関に対して行う発表として「水防警報」がある．「水防警報」では，「待機」，「準備」，「出動」，「指示」，「解除」等の情報が提供されるが，「待機」には「水防団待機水位」が，「出動」には「氾濫危険水位」が判断の根拠として用いられている．

(3) 洪水浸水想定区域図とハザードマップ

　洪水や豪雨に関連するハザードマップとして，洪水，内水のハザードマップが存在する．洪水ハザードマップは，洪水浸水想定区域図を基に，市町村地域

防災計画において定められた必要事項及び早期に立退き避難が必要な区域等を記載したものである．住民が，自らの住居や勤務地の水害危険性や避難場所を知る上で，これらのハザードマップは重要な役割を果たす（写真 4.7）．

　例えば，鹿児島市では，鹿児島県の依頼を受けて，4 つの河川（甲突川，新川，稲荷川，永田川）周辺地域の洪水ハザードマップが作成されている．永田川を除く河川の洪水ハザードマップは，市内の全世帯に配布される「わが家の安心安全ガイドブック＆防災マップ 2018」（写真 4.1）にも掲載されており，地図

写真 4.7　甲突川のハザードマップ（鹿児島市「わが家の安心安全ガイドブック＆防災マップ 2018」より）

上に洪水による浸水深や避難所の情報が掲載されている．

なお，上記の洪水浸水想定区域は，計画規模の豪雨に対して浸水シミュレーションを行い，計画高水位に達すると外水氾濫が発生するとした時のシミュレーション結果から決められている．具体的には，外水氾濫が1地点で生じるような浸水シミュレーションを，氾濫地点を変えて複数回実施した後，それらの中の最大浸水深によって，洪水浸水想定区域図が作成されている．

自主的な避難の判断においては，洪水ハザードマップから判断される浸水リスクに加え，実際の危険度によって避難のタイミングを決める必要がある．浸水深が50 cmを超えると，歩行が困難となるため，それ以前の避難が必要である．また，この14年間の水害による死者・行方不明者の約4割が，洪水浸水想定区域の外で被災していたことから，洪水浸水想定区域外においても，被災に対する十分な注意が必要である．

(4) 防災教育の重要性

東日本大震災以降，いつ発生するかが分からない災害に備えた日頃の防災教育の重要性が改めて見直されている．特に，東日本大震災において釜石市の小中学生が防災教育通りに避難し，約3000人の小中学生ほぼ全員と周囲の大人が生き抜くことができた「釜石の奇跡」は，防災教育の実効性を示す事例となっている．

このような背景にあって，国土交通省・九州地方整備局と鹿児島大学・教育学部・黒光貴峰准教授は，通常の授業の中で水防災を学習できるようなプログラムを作成し，防災教育の普及に努めている．「釜石の奇跡」の事例のように，防災教育によって被災リスクの軽減につながる可能性があることから，防災教育には大きな期待が寄せられている．

(5) 各種看板の設置

河川流域では，日常的に災害避難を意識させるとともに，水害発生時には速やかな避難を促す目的で「避難時誘導看板」や「避難所案内看板」が設けられている．また「実績浸水深表示看板」が設置されることもあるが，このような取り組みは水害の恐ろしさの記憶を風化させないためにも，有効な手段である

写真 4.8　実績浸水深表示看板（左）と避難所案内板（右）

（写真 4.8）．また，ダムからの放流が行われる際には，放流流量に応じて下流の住民にアナウンスがなされるが，別途，下流の道路に設置された電光掲示板によっても放流量情報を確認することができる．

8. 水害時に避難しない理由～川内川流域を対象とした調査研究の事例～

(1) 調査の目的と概要

過去発生した水害において，避難率は1～2割，高くても4割程度であることが分かっている．一方，実際に救助された人もいるため，災害時に適切な避難行動を取れなかった住民も少なからずいることは周知の事実となっている．しかしながら，避難勧告や避難指示（以下，これらを総称して「避難勧告等」と呼ぶ）は，実際には避難の必要性がなかった住民にも発令されることが一般的である．このため，水害被害のあった流域の全住民から無作為抽出でアンケート調査を実施すると，水害当時，避難の必要性のあった住民からの回答が相対的に少なくなり，結果的に，適切な避難行動がとれなかった理由を十分検討できなくなるといった問題が生じる．

また，集落単位等の地区レベルで見ると，避難率が高い場合もあり，地域毎に，水害時の避難行動が異なっていた可能性もある．さらに，水害を複数回経

験した人の中には，適切な行動が取れると自負する人も少なくなく，このような住民に他流域での避難行動の問題点を説明しても，他人事としてしか受け入れられない可能性も想定される．

以上のような背景を踏まえ，川内川流域を襲った平成18年7月豪雨災害において，公的機関による救助を必要とした人（以下「被救助者」）を「適切な避難行動ができなかったグループ」として，その特徴を調べるアンケート調査が実施された．以下にアンケートより得られた結果を紹介する．

(2) アンケートの対象となる水害

鹿児島県北西部を流れる川内川流域では，平成18年7月19日～23日の記録的な大雨によって，上流から下流に至る3市2町（薩摩川内市，さつま町，伊佐市，湧水町，えびの市）の136カ所で浸水被害が発生し，浸水面積約2777 ha，浸水家屋2347戸にも及ぶ甚大な被害が生じた（以下「H18年豪雨」）．本調査では，この豪雨における意識をアンケートによって調査した．

(3) アンケート調査の概要
① H18年豪雨時の被救助者の概要

意識調査の対象となるH18年豪雨では，約5万人の流域住民に避難勧告・避難指示が発令されたが，逃げ遅れて孤立する住民も多く，473人の住民が消防本部や自衛隊といった公的機関により救助された（表4.4）．
②調査方法

本研究は，H18年豪雨において，避難する必要があったにもかかわらず，結果的に，適切な避難行動がとれなかった住民層の水害当時の意識を明らかにすることを第一の目的としている．全回答者を対象に，水害時の行動が結果的に適切であったかどうかを判断することは容易ではないが，少なくとも水害時において，公的機関による救助が必要であったということは，浸水までの間，適切な避難行動がとれなかったことを意味すると考えた．

このため，H18年豪雨時の浸水実績に基づいて，当時，救助を要した住民が比較的多く居住していると考えられる地域を対象に，被救助者の避難行動意識を明らかにするアンケートを計1000部郵送により配布した（表4.5）．この結果，

表4.4 H18年豪雨時の被救助者の数

県名	市町村名	被救助者数
鹿児島県	薩摩川内市	11
	さつま町	237
	伊佐市（旧大口町）	38
	伊佐市（旧菱刈町）	49
	湧水町	76
宮崎県	えびの市	62
合計（川内川流域）		473

表4.5 アンケートの配布と回収の状況

	アンケート配布数	回収数	回収率
薩摩川内市	49	22	45%
さつま町	452	193	43%
伊佐市	377	165	44%
湧水町	122	43	35%
未記入	—	11	—
合計	1000	434	43%

434部のアンケートの回答が回収された．地区別に見ると，湧水町での回収率は35％であったが，それ以外の薩摩川内市，さつま町，伊佐市では，回収率が43～45％程度であった．

（4）アンケート結果について

①被救助者の回答数

H18年豪雨時に救助を必要とした方は49人であり，その中で41人が公的機関によって救助されていた．

②救助を要した回答者の属性

公的機関によって救助された回答者の属性を図4.13に示す．また個別の属性の主要な特徴を以下に述べる．

【性別】救助者の回答の内訳をみると，男性54％，女性44％であり，性別において大きな偏りはない．

【年齢】年齢70代以上が66％以上，60代以上が76％以上となっているが，20代が1人，40代が3人，50代が5人であり，被救助者の全てが高齢者という訳ではない．

【居住形態】マンション・アパートに居住する人はおらず，本設問に対して明確な回答が得られた人の居住形態は，いずれも一戸建てである（「平屋」と「2階以上」で同数の回答）．

【H18年豪雨時の被害の程度】「避難のみ」で済んだ人が1人いたが，救助が必要だった人の47％が「家屋半壊，家屋全壊」という甚大な被害を受けており，家屋の被害が「床下浸水」だったという回答はなかった．なお，「その他」と回答した人が1人いたが，その詳細は不明であった．

第 4 章　豪雨によって生じる水害とその対策

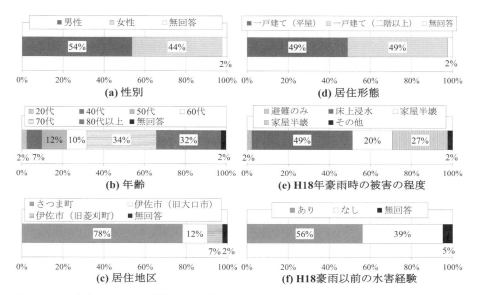

図 4.13　H18 年豪雨において公的機関からの救助を要した回答者の属性

【H18 年豪雨以前の水害経験】H18 年豪雨以前にも，水害による被害経験のある人は，救助された人の内 56 ％いた．また，その時期について 17 人が回答しており，内 10 人が 40 年前に水害を経験したと回答しているが，これはさつま町で被害の大きかった昭和 47 年豪雨災害の体験を示していると推察される．

また，15 人が H18 年豪雨以外の水害体験回数について具体的に回答し，1 回が 3 人，2 回が 7 人，3 回が 3 人，4 回が 2 人であった．

③救助されるまで避難しなかった理由

アンケートでは，設問「救助されるまで避難しなかった理由は何ですか？」に対して，7 つの選択肢を設けた．選択肢の 1 つは「その他」であり，具体的な内容が回答できるようになっている．複数回答もあったため，結果的に，41 人の救助者から 44 の理由が回答された．そこで，「その他」での記載内容を新たな項目（表 4.6 の理由（8）〜（10））として結果を整理した（表 4.6）．

この結果，「指定される避難場所がどこにあるのか分からなかった」，「各種の気象情報から洪水や土砂崩れの危険を感じなかったから」，「避難所に滞在したくなかったから」を理由とした人はいなかった．また，3 人が複数回答を行

表 4.6 救助されるまで避難しなかった理由

救助されるまで避難しなかった理由	回答数	比率	原因の分類
(1) 避難勧告や避難指示の発令に気づかなかったから	9	20%	I
(2) 指定避難場所がどこにあるのかわからなかったから	0	0%	―
(3) 自宅もしくは現在の場所にいる方が安全だと思ったから	12	27%	II
(4) 各種の気象情報から洪水や土砂崩れの危険を感じなかったから	0	0%	II
(5) 過去の水害から判断して被害がでるとは考えなかったから	11	25%	II
(6) 避難することが困難な家族やペットがいたため	3	7%	III
(7) 避難所に滞在したくなかったから	0	0%	―
(8) 予想より水位の上昇が速く、避難することができなかった	1	2%	II
(9) 避難しようとしたが道路が水につかり、避難できなかった	1	2%	II
(10) 避難指示がなかった	1	2%	I
(11) 気づいたら2階まで水が来て避難できなかった	2	5%	II
(12) 無回答あるいは理由不明	4	9%	―
計	44	100%	

っていた．その内訳は，理由 (1)，(3)，(5) が 1 人，(1)，(5) が 1 人，(1)，(12) が 1 人であった．

(5) 救助された原因の分析

①救助された原因の分類

次に，理由として掲げられた項目（表 4.6 参照）を，「グループ I：避難情報の伝達不足（理由 1，10）」，「グループ II：リスクの過小評価と避難行動の遅れ（理由 3，5，8，9，11）」，「グループ III：家族に避難困難者が存在（理由 6）」という 3 種類の原因に大きく分類し，結果を考察した．

グループ I：「避難情報の伝達不足」が原因

理由「避難勧告や避難指示の発令に気づかなかったから」，「避難指示がなかった」を，原因「避難情報の伝達不足」に分類した．この結果，救助者 41 人の内，「避難情報の伝達不足」を原因とする人は 10 人であった．回答者の自由記述での意見を調べたところ，1 人が「雨音が大きく発令に気づかなかった」，1 人が「広報車が移動できず情報が伝わってこなかった」，2 人が「早めにはっきりとわかるように指示して欲しい」と記述していた．

グループ II：「リスクの過小評価と避難行動の遅れ」が原因

水害時において，浸水の状況によっては，避難するよりも自宅に待機した方が安全な場合も存在しうる．また，H18 年豪雨時において，避難勧告が出され

る前後 1 時間で,さつま町・宮之城地点の水位が約 2 m も上昇しており,住民は短時間で避難行動に対する判断を迫られていた.このように,判断が難しい状況にあり,しかも避難を意識した時点では避難しないことが適切であった可能性も十分考えられる.しかしながら,そのような状況でもリスクを回避するために,独自の判断で避難勧告よりも前に避難した住民もいた(さつま町では 20 %).

このため,本稿では,理由「自宅もしくは現在の場所にいる方が安全だと思ったから」,「過去の水害から判断して被害がでるとは考えなかったから」,「予想より水位の上昇が速く非難することができなかった」,「避難しようとしたが道路が水につかり避難できなかった」,「気づいたら 2 階まで水が来て避難できなかった」を全て,原因「リスクの過小評価と避難行動の遅れ」に含めた.この結果,救助者 41 人の内,「リスクの過小評価と避難行動の遅れ」を原因とする人は 27 人であった.なお,複数の理由を回答した人は,全員がこのグループに含まれていた.

グループⅢ:「家族に避難困難者が存在」が原因

理由「避難することが困難な家族がいたため」を,原因「家族に避難困難者が存在」とした.この結果,救助者 41 人の内,「家族に避難困難者が存在」を原因とする人は 3 人であった.

②救助されるまで避難しなかった原因

以上の分類に基づいて,各原因の割合を調べたところ,「リスクの過小評価と避難行動の遅れ」が 66 % を占めることが分かった(図 4.14).信頼度 90 % で信頼区間を計算すると ± 12.9 % となることから,H18 年豪雨における全救助者 473 人の内,少なくとも半数以上の方が,「リスクの過小評価と避難行動の遅れ」によって,適切な避難行動がとれず,結果的に救助されたのではないかと推察される.

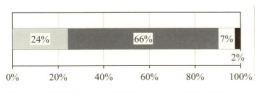

図 4.14　救助されるまで避難しなかった原因の内訳

(6) 将来の避難行動調査に基づく考察

H18年豪雨の体験やその後の治水事業の進捗が避難意識に影響を及ぼした可能性も考えられるため，次に，設問「今後，H18.7.22のような豪雨が発生した場合，避難しますか？」に対する回答を，救助の有無にかかわらず調べた（図4.15）．

救助の有無と被害の程度毎に分類した結果を見ると，H18年豪雨時に被害がなかった人でも，その56％が今後の水害において「避難する」と回答していることが分かる．H18年豪雨時の被災状況が深刻になるにつれて，避難する人の割合は増加し，「家屋全壊」，「家屋半壊」だった人は，救助の有無に関係なく，全員が「避難する」と回答した．一方，被害が「床上浸水」であった回答者は，「床下浸水」だった回答者より，多くの割合が「避難する」と回答しているが，全員が避難するわけではないことが分かった．

①今後の水害でも避難しない理由

次に，「床下浸水」以上の被害があったにもかかわらず，今後の水害において「避難しない」理由を調べた（表4.7）．73の回答が得られたが，その内の47人（64％）が，「自宅もしくは現在の場所にいる方が安全だと考えるから」

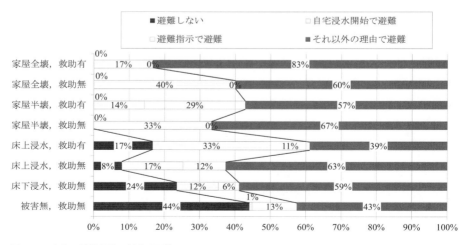

図4.15 今後の避難行動に対する回答

表 4.7 「床上浸水」以上の被害があったにも関わらず避難しない理由（表中の数値：人数）

今後避難しない理由	救助有	救助無		計
	床上浸水	床上浸水	床下浸水	
(1) 指定避難場所がどこにあるかわからないから	0	0	1	1
(2) 自宅もしくは現在の場所にいる方が安心だと考えるから	0	2	45	47
(3) もうH18年の洪水に対する治水対策が実施され,被害がでるとは考えないから	1	3	12	16
(4) 避難することが困難な家族やペットがいるから	1	1	1	3
(5) 避難場所に滞在したくないから	1	0	1	2
(6) その他	0	1	3	4
計	3	7	63	73

を理由としていた．つまり，H18年豪雨で被害の生じた比較的浸水リスクが高い場所に居住していても，依然として，自宅の方が安心で避難しないという人が多数いることが分かる．

また16人（22％）が「治水対策が実施され被害が生じるとは考えないから」を理由としているが，豪雨の規模によっては，このような理由は「治水対策に対する認識不足」となりかねない．したがって，この結果から，大規模な治水事業の推進が，むしろ「リスクの過小評価」をもたらしている可能性も指摘できる．

さらに，1人からの回答ではあるが，救助者の回答からは抽出できなかった「指定場所がどこにあるかわからないから避難しない」という意見もあり，H18年豪雨の体験を有し，浸水リスクが高い場所に居住していても，水害に対する事前準備が十分でない人が存在することが分かった．以上に加えて，「避難場所に滞在したくないから」の回答者が2人，「避難することが困難な家族やペットがいるから」が3人存在していた．

(7) 自由意見欄への記載内容に基づく分析
①「避難情報の伝達不足」に対する意見

救助者の回答からも避難勧告や指示に対する意見が挙げられていたが，このような問題の実情をより詳細に把握するために，救助者アンケートの全回答者の自由記述欄から，避難情報の伝達不足に関連する意見を抽出した．

表4.8に示すように，「避難勧告・避難指示の発令が遅い」，「屋外でのアナウンスが聞き取りづらい」という意見が多く回答されていた．また,避難指示,避難勧告の意味を理解していない，あるいは意味が分かりづらい等，「避難情

報への理解が低い」という推察を支持するような意見もあった．

② 「避難所」に対する意見

全回答者の自由記述欄を整理すると，避難所に対する安全性を懸念していると思われる記述が9件あった．また「大型のペットを避難所に連れていってよいか」という回答もあった．

(8) アンケート結果の総合的な考察

「正常性バイアス」と「認知的不協和状態解消のための意識」は，避難行動を妨げる要因になり得ることが知られている．

「正常性バイアス」とは，社会心理学，災害心理学などで使用されている心理学用語であり，自分にとって都合の悪い情報を無視したり，過小評価したりしてしまう人間の心理的特性のことを指す．災害発生時に何らかの被害が予想される状況下であっても，それを正常な日常生活の延長上の出来事として捉え，都合の悪い情報を無視したり，「自分は大丈夫」「今回は大丈夫」「まだ大丈夫」などと危険状態を過小評価することを指している．

一方，「認知的不協和」は，人が自身の中で矛盾する認知を同時に抱えた状態，またその時に覚える不快感を表す社会心理学用語であり，災害発生時に何らかの被害が予想される状況下であっても，避難しない自分に矛盾を感じることが「認知的不協和」であるが，それを解消するため，「隣の人もまだ避難していない」といった自らに都合のよい事実に基づいて，避難しない自分を肯定することが「認知的不協和状態解消のための意識」である．

表4.8 自由記述欄の意見

＜避難勧告・指示に対するご意見＞	計77
屋外でのアナウンスが聞き取りづらかった	19
発令が遅い（今後早めて欲しい）	30
避難ルートも適切に指示して欲しい	4
避難勧告・指示がなかった	3
情報が氾濫し混乱（正確な情報を提供して欲しい）	5
行政の対応は適切だった	4
個人の自主的判断が必要である	3
避難勧告・指示の意味が分かりづらい，分からない	5
夜間での被災に対する不安	3
避難したため却って被害を受けた	1

＜避難場所に対するご意見＞	計14
（地区ごとの）避難所を知りたい	2
避難所の場所が不適当	5
避難所が浸水した	4
避難所で災害の情報を適宜提供して欲しい．	2
避難所に大型のペットを連れて行けるのかを知りたい．	1

第4章　豪雨によって生じる水害とその対策

　本アンケートによって，H18年豪雨において救助された回答者の内，66%が「リスクの過小評価と避難行動の遅れ」が原因で，避難すべきであったにもかかわらず，避難できず救助されたことが分かった．救助された回答者は，実際に救助された住民全体（472人）の10%程度であるが，統計データの信頼区間を加味しても，H18年豪雨時の救助者の少なくとも半数以上は，「リスクの過小評価と避難行動の遅れ」によって適切な避難行動をとらなかったものと推察される．

　川内川流域も水害常襲地帯であり，比較的住民の防災意識は高いと推察されるが，避難しなかった理由の50%以上が「自宅の方が安全」，「過去の経験から被害が出ないと考えた」であることから，他の事例と同様に「正常性バイアス」と「認知的不協和状態解消のための意識」が適切な避難の妨げになったと判断される．

9.　水害時の実際の避難行動と避難勧告等のあり方について

(1)　調査の概要

　川内川流域を襲った平成18年7月豪雨は，約5万人の流域住民に避難勧告と避難指示が発令された大規模災害であった．この水害を受けて，平成19年2月に，土木学会調査団によって川内川流域を対象に，アンケート調査が実施された．このアンケート結果に基づいて，水害時の避難行動を調べた．

(2)　避難までに必要な時間

　さつま町住民から得られたアンケート結果から，①避難までに要した時間，②避難後，避難所到達までに要した時間の平均時間はそれぞれ25分，16分であり，準備と移動に要した時間は41分であった．また90%の人が，準備と移動を完了させるには，75分の時間が必要であったことが分かった（図4.16）．

(3)　水害時の避難行動

　次に宮之城観測所における水位と水位上昇速度，アンケート結果から得られた避難者数の経時変化を示す（図4.17）．同地区には7月19日に大雨警報が発

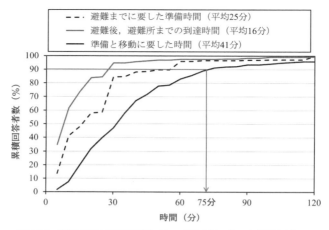

図 4.16 避難までに必要な時間（さつま町のアンケート結果より）

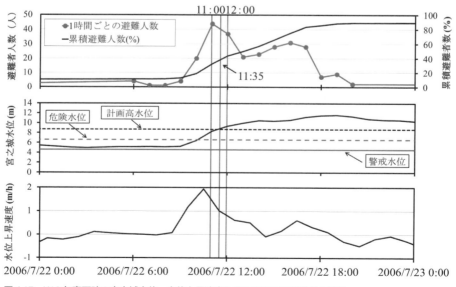

図 4.17 H18 年豪雨時の宮之城水位，水位上昇速度とさつま町での避難者の推移

令された．その後，22日10時20分に宮之城水位が危険水位を突破したことを受けて，11時には虎居地区308世帯711人に避難勧告が，11時35分には避難指示が出された．11時30分以降の宮之城水位を見ると，計画水位を大幅に超えており，場所によっては浸水が始まっていったものと考えられる．12時には，虎居地区476世帯1125人に避難指示が追加で発令され，12時15分には，さつま町内・川内川流域全域に避難勧告が出された．

このような経緯の中で，住民の避難者数を見ると，避難勧告が発令された11時の数時間前に，既に20％の方が避難していることが分かる．避難勧告と避難指示が発令された11時台には，避難者数もピークを取っている．11時から17時までの間に避難者は増加し，17時には80％の方が避難を完了させている．平均すると，避難勧告直後から，1時間当たり7％程度の割合で避難者が増えたことになる．18時以降になると，避難者は毎時間10人を割り，避難者の増加率も緩やかになっている．

以上をまとめると，さつま町では避難勧告前に自主判断で約20％の人が避難し，避難勧告や避難指示によってさらに20％の人が避難した．その後，自宅や周辺の浸水という危機的状況もあって，3～4時間の間にさらに40％の人が避難したことがわかる．

ここで，改めて水位の変動を見ると，避難勧告が出される前後1時間で，川内川の水位が2mも上昇していたことが分かった．宮之城の，危険水位（6.6m：当時）および計画高水（8.74m）の差は2.14mであり，今回の最大水位上昇速度が約2m/hであったことを考慮すると，雨の降り方によっては危険水位から計画高水まで1時間程度の猶予しかない．90％の方が避難の準備と移動を完了するのに必要な時間がそれぞれ75分であったこと，さらには，今後の高齢化を考慮しても，雨の降り方と水位上昇の関係を適切に評価し，地域の状況に応じた避難勧告のあり方を検討していくことが重要と言える．

（4）水害体験後の意識の変化

洪水ハザードマップには，居住域の浸水リスクが浸水深として示されているため，自主的避難行動の重要な判断材料が提供されている．このため，「洪水ハザードマップを読んだことがあるか」という点に着目し，平成18年7月豪

雨の被災体験を受け，住民の方の避難行動意識がどのように変化したかを調べた．水害直後の平成19年2月と同様のアンケートが，平成26年にも実施されたため，これらの結果を比較し，住民意識の変化を調べた．

図4.18に，浸水域とそれ以外に分けて，「ハザードマップを読んだことがありますか？」という質問に対する回答をまとめた．平成19年から26年にかけて，浸水域以外では，ハザードマップを読んだことがある人がわずか2.4％しか増加していないのに対し，浸水域では23.8％と大幅な増加が見られる．ただし，浸水域であっても平成26年時点で，ハザードマップを読んでいる人は，50％弱で有り，全体でも37.2％という実態が明らかになった．

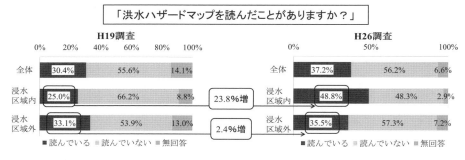

図4.18　洪水ハザードマップに関するアンケート回答（平成19年と26年の回答比較）

10. 豪雨前後の心得

(1) 避難のために把握しおくべき前提条件

水難時に適切な避難行動を起こすために，事前に把握しておくべき前提条件を以下に示す．

1) 仮に最善の対応をとったとしても行政による避難勧告や避難指示は，空振りとなることもある．逆に，本当に危機的な状況になっても，行政による避難勧告や避難指示が適切なタイミングで発令されなかったり，うまく伝達されなかったりすることもある．その一方で，気象庁，国土交通省，都道府県によって，豪雨災害に関連する情報が種々提供されている．また現

在では，洪水ハザードマップの整備も進んでいるが，浸水想定地域以外での被災の事例も少なくない．
2) 過去に多くの水害を経験した川内川流域住民であっても，他の地域と同様に，水害時に所定のタイミングで避難を完了できるという訳ではない．
3) 河川の水位の時間変化は，その場所の降雨の時間変化と一致していない．このため，雨が小降りになったからといって，河川の水位が下がり始める訳ではない．むしろ上昇するのが一般と考えてよい．
4) 河川改修や治水対策は，所定の計画規模でしか実施されないため，これらが実施されたからといって，今後，氾濫等の被害が生じない訳ではない．計画規模以上の降雨があると，氾濫等の水害が発生する．
5) H18年豪雨災害における水位上昇速度は，2.0 m/h であった．この水位上昇速度と現在の宮之城地点での避難判断水位（T.P.6.4 m），氾濫危険水位（T.P.7.6 m），計画高水位（T.P.8.74 m）に基づくと，避難準備情報・高齢者等避難開始発令（避難判断水位）〜避難勧告発令（氾濫危険水位）までの時間は 66 分，避難勧告発令（氾濫危険水位）〜避難指示発令（計画高水位）までの時間は，52 分程度である．その一方で，避難の準備と移動に 1 時間 30 程度の時間は必要である．なお，中小河川では，避難勧告から避難指示までの時間等はさらに短くなる．
6) 浸水深が 50 cm を超えると，歩行が困難になる．また道路が冠水した状況では，下水道・側溝等が見えづらくなり，また流木等が歩行の阻害となる．
7) 浸水中を車で走行する場合，浸水深がマフラーの高さ以下で走るか，マフラーから水が入らないようにエンジンをふかしながら走る必要がある．マフラーから水が入ってくると，エンジン内のシリンダーが不具合を起こして，最悪エンストを引き起こす．また，浸水深が深くなってくると，水圧でドアが開けられなくなってくるし，浸水深が 60〜70 cm になってくると，車体が浮かび始める．
8) 豪雨による水害発生時には，土砂災害の発生リスクも高くなる．
9) 大規模災害の後，3 日経過すると，生命を失うリスクが高くなることから，我が国では，3 日を目処に救援体制を整えることが目標になっている．ただし，大規模災害が広域に発生すると，場合によっては救援支援物資の調

達に時間がかかることもあるため，昨今では，災害に対する準備の基準は1週間とされている．このため水害に備えて，水，食料等の準備を，3日〜1週間分準備する必要がある．

(2) 避難時の心得
以上を踏まえると，避難における心得として以下が挙げられる．
1) 豪雨発生時には，各種情報を活用して，自らの判断で避難することが原則である．
2) そもそも人間は，避難のタイミングが遅れがちであるという自覚をもつ必要がある．
3) その場，その瞬間の降雨だけで，水害の危険性の有無を判断してはいけない．
4) 河川改修や治水対策が実施されても，水害による被災のリスクはある．
5) 早期の避難以外，車での避難は避けるべきである．
6) 浸水深が50 cmとなる前に避難を完了する必要がある．特に，浸水リスクが高い場所に居住する人は，避難準備情報・高齢者等避難開始発令時に避難を開始することが必要である．ただし，浸水深が深くなり避難が困難・不可能となった場合には，2階以上への鉛直避難を選択した方が良い．
7) 浸水時の避難においては，足下が見えないため，側溝や歩行の阻害となるものを確認するために，杖や傘等を携行した方がよい．また，複数人で避難する際には，流れに対して，縦に列を組んだ方が，流されにくい．
8) 水害と土砂災害の両方を想定して避難経路を選ぶ必要がある．土砂災害の危険性のあるルートを避け，河川から遠ざかるルートを選択すべきである．

(3) 被災時と被災後の心得
被災時と被災後の心得が種々指摘されている．普段から近隣住民とコミュニケーションを取り，災害に強い地域づくりを心掛けることが重要であるが，これに加え，ここでは，以下の2点を指摘しておく．
1) 家族の安否は，混線や不通の影響がない災害用伝言ダイヤル（171）で確認する．
2) 適切な罹災証明や補助を受けるために，家屋の片付けの前に，家屋の被災

状況を写真に撮っておく必要がある．なお，自らが加入している火災保険の対象に水害が含まれているかを確認しておく必要がある。

（安達貴浩）

参考資料

鹿児島県（1994）平成5年夏鹿児島豪雨災害の記録

鹿児島県（2007）「平成18年7月鹿児島県北部豪雨災害」被害の概要と対応の記録

鹿児島県（2011）平成22年災害の記録

鹿児島県（2012）平成23年災害の記録

鹿児島県（2017）平成28年災害の記録

鹿児島市（2018）わが家の安心安全ガイドブック＆防災マップ2018

鹿児島市防災会議（2018）鹿児島市地域防災計画本編

気象庁（2017）リーフレット「雨と風（雨と風の階級表）」

気象庁HP：災害をもたらした気象事例
　　https://www.data.jma.go.jp/obd/stats/data/bosai/report/index.html

気象庁（2018）リーフレット「洪水警報の危険度分布の活用」

建設省河川局（監修）社団法人日本河川協会（編）（2000）改訂新版　建設省河川砂防技術基準（案）同解説　計画編．山海堂

建設省河川法研究会 編著（1997）改正河川法の解説とこれからの河川行政，ぎょうせい　平成9年

国土交通省（2007）川内川水系河川整備基本方針

国土交通省：パンフレット「川内川激特記録誌」

国土交通省河川局（監修）社団法人日本河川協会（編）（2008）国土交通省河川砂防技術基準同解説 計画編，技法堂出版

国土交通省（2009）内水ハザードマップ作成の手引き（案）21年

国土交通省（2015）洪水浸水想定区域図作成マニュアル（第4版）平成27年

国土交通省 水管理・国土保全局　河川計画課HP：水害統計調査 http://www.mlit.go.jp/river/toukei_chousa/kasen/suigaitoukei/index.html

国土交通省九州地方整備局 川内川河川事務所／鶴田ダム管理所：パンフレット「鶴田ダム再開発事業」

さつま町（2018）防災マップ
末次忠司（2011）水害に役立つ減災術，技法堂出版
総務省行政管理局 HP：電子政府の総合窓口（e-Gov）
　　URL：http://www.e-gov.go.jp/about/
高橋裕（1988）都市と水，岩波新書
中小河川計画検討会（1999）中小河川計画の手引き（案）
土木学会（編）（1999）土木用語大辞典，技法堂出版
村本嘉雄，栗田秀明，瀬口雄一，中川一，細田尚，道奥康治（著）（1998）川のなんでも小辞典（土木学会関西支部（編）），講談社
名瀬測候所・鹿児島地方気象台（2011）災害時気象資料—平成23年11月2日の鹿児島県奄美地方の大雨について—
内閣府（2014）災害に係る住家の被害認定基準運用指針
内閣府（2014）避難勧告等の判断・伝達マニュアル作成ガイドライン
内閣府（2016）市町村のための水害対応の手引き

第5章
水と生活

1. はじめに

　水と生活について考える時に，まずその歴史について触れてみたい．第二次世界大戦後，日本は未曾有の発展をなしてきたが，その過程で水問題もいろいろ様変わりしてきた．戦後からの経緯を述べると，当初の水俣病に象徴される公害の歴史を忘れてはならない．重金属をはじめとする毒物汚染問題は高度成長期の日本にとって大きな社会問題であった．その後，私が大学を卒業する1970年代からは日本の各地で富栄養化が顕著化してきた時代である．そのため，大学においては赤潮やアオコの研究が盛んなり，私もそれに従事した一人である．そこで，本章では赤潮やアオコといった富栄養化の話題に触れたいと考える．

　富栄養化とは，一般に窒素やリンなどの栄養塩が多量に水域に負荷されることにより一次生産が増大することをいい，赤潮やアオコが頻発することで象徴される．1970年代になって錦江湾では赤潮が発生するようになったが，それと同時に琵琶湖でも赤潮が発生するようになったのである．そして，その後しばらくして，アオコが発生するようになった．私が最初にアオコに出会ったのは1983年の琵琶湖である．それまで見慣れた水面がある日突然，真っ青に変化したのである．私だけではなく，湖岸の住民達もそれまでアオコというものを見たことがなかったので大変な騒ぎとなった．私が当時勤務していた琵琶湖研究所の前は散歩道で，「こんなところに誰がペンキをぶちまけたんだ」と怒っている人がいたことを覚えている．当時の滋賀県民にとって，その後琵琶湖南湖にアオコが頻発するようになるとは，ほとんどの人が考えてもいないことであった．しかし，その頃にはすでに諏訪湖や霞ヶ浦ではアオコに悩まされて

いたこともあり，研究所の所員にとっては，ついに琵琶湖にもそのときがやってきたかという思いがしたものである．その後，私は琵琶湖を離れることになったのだが，しばらくアオコはほぼ毎年出現するようになった．そして，近年になって発生しない年もあるようになった．（アオコなどの水質情報の詳細は，滋賀県琵琶湖環境科学センターのホームページ（http://www.pref.shiga.lg.jp/d/ biwako-kankyo/lberi/ を参照されたい．）

　本章では，前半でこれまで私が付き合ってきたアオコの話を紹介する．そして後半では海域の赤潮の話を紹介する．

2．アオコの話

（1）輝北ダムのアオコの現状

　鹿児島県の大隅半島のほぼ中央に位置する輝北ダム（図5.1）は，平成13年に竣工して以来，毎年春から秋にかけてミクロキスチス（*Microcystis aeruginosa*）による大規模なアオコが発生している．その規模は，ダムの表面すべてを覆い72 ha にもなる．

　このダムの水は，畑作地の灌漑用として使われるため，大量発生したアオコが灌漑用スプリンクラーを詰まらせ，その改修に多額の費用がかかる問題が起きている（口絵5.1）．

（2）輝北ダムの水理構造の特徴

　さて，アオコの実態を知るためには，そのダム湖の水理構造と水質を知る必要がある．ダム湖にはその深さと形状によって個性があるからである．図5.2に水質調査定点と調査風景を示す．

　図5.3に輝北ダムの最深部（定点1）における水温と溶存酸素の鉛直分布を示す．水温の鉛直分布を見ると，春から秋にかけて表層の水温が高く逆に深層で低いことがわかる．これは成層化しているといわれ，いわゆる水温躍層が形成されていることになる．8月に高水温の貫入が起こっているが，これは台風によるものである．そして秋から冬になると上下混合が起こり，上下の温度差はなくなる．

第5章　水と生活

Water Bloom of Kihoku Dam

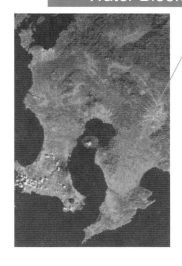

Purpose : Irrigation
Type: Concrete Gravity Equation
Capacity : 620,000 ton

図 5.1　輝北ダムの地図（鹿児島県、鹿屋市輝北町：Google マップを参照）

Sampling station in Kihoku dam

図 5.2　輝北ダムの水質調査定点と調査風景

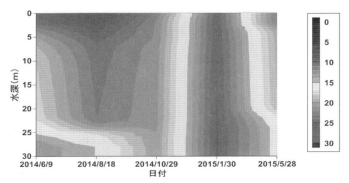

輝北ダムの水温の鉛直的季節変化：（℃）

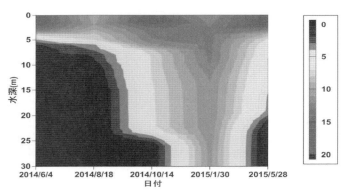

輝北ダムの溶存酸素量の鉛直的季節変化：（mg/l）

図 5.3　輝北ダムの最深部（定点 1）における水温と溶存酸素の鉛直分布

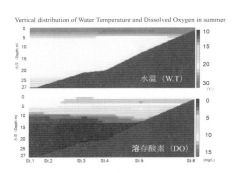

図 5.4　各定点における夏季における水温と溶存酸素の断面図

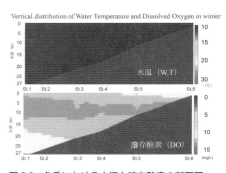

図 5.5　冬季における水温と溶存酸素の断面図

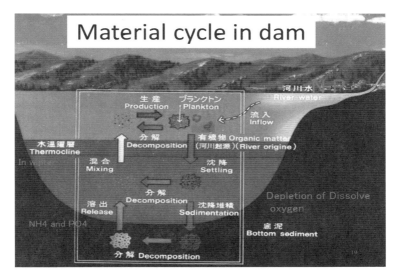

図 5.6　輝北ダム湖における鉛直的物質循環の特徴

　一方，溶存酸素は成層化すると，水温躍層より深い深層では無酸素化していることがわかる．たとえ高水温の貫入が起こっても無酸素状態は解消しない．そして秋から始まる上下混合とともに溶存酸素は回復する．アオコが発生する春から秋にかけては，表層のアオコと深層の無酸素状態が常態化しているのである．

　図 5.4 に同じく各定点における夏季における水温と溶存酸素の断面図を示す．また図 5.5 に冬季における水温と溶存酸素の断面図を示す．夏季には強固な水温躍層が 5 m 付近に形成され，それより深い深水層ではダム湖の全域にわたって無酸素状態になっていることがわかる．そして，冬季には水温躍層が消失し，全層に酸素が供給されるのである．

　このような輝北ダム湖における水理構造を簡単に示すと図 5.6 のようになる．すなわち，窒素やリンが供給される表層では，春から秋にかけてアオコが発生し，それが死滅し沈降・分解する過程で酸素が消費されて深水層は無酸素化する．沈降堆積したアオコは底泥表面でさらに分解されその過程で湖底に窒素とリンが蓄積し底泥からの溶出が可能な状態になる．秋から冬にかけては上下混

合が起こるので，底泥から溶出した窒素とリンは全層に拡散し，その後の春からのアオコの発生に消費されることになるのである．

（3）なぜ輝北ダムでアオコが発生するのか

　アオコと一口に言っても，その濃度を表現することは極めて困難である．口絵に示した顕微鏡写真から分かるように（口絵5.2），ミクリキスチスは単細胞が集まって群体を形成する．群体の濃度を計数しても群体ごとに細胞数が異なるので，総数に狂いが生じるのである．そこでミクリキスチスの分布をクロロフィルの濃度によって表現するのである．図5.7（口絵5.5と同じ）は春先のアオコの状態をクロロフィル濃度で表現したものである．右側の河口付近からクロロフィル濃度が徐々に高くなっていることがうかがえる．この図から河口付近で増殖し始めたアオコがダムサイト（定点1）に向けて移動してゆくのが想像できる．

　先に示した水温躍層が強固であると，運動性を持たない植物プランクトン（ミクリキスチス類）は上下に移動ができないためにますます表層に濃縮されることになる．そのために夏季アオコ状態が継続することになるのである．

　さて，問題の窒素とリンについて触れてみよう．図5.8に春先における各定点における溶存無機窒素（DIN）と溶存無機リン（DIP）の鉛直分布を示す．各定点によってスケールが異なることに注意されたい．この分布から河口域の濃度が湖内に比べて高いことがわかる．すなわち河川からの窒素とリンの供給が大きく，それをアオコが利用していることが予想できる．

　図5.9に輝北ダムの8月と1月の表層における溶存無機窒素（DIN）と溶存無機リン（DIP）の水平分布を示す．いずれの月においても河川からの窒素とリンの供給が大きいことがわかる．特に左側の河川からは窒素とリンの供給が，右側の河川からは窒素の供給が大きいことがうかがえる．すなわち河川によって供給される栄養塩には違いがあるのである．

　では，どこから窒素とリンは来るのであろうか．その答えのヒントが図5.10である．図5.10に輝北ダムの流入河川における窒素の濃度分布を示す．この図はすべての河川の情報を集めたものではないが，輝北ダム近辺の窒素とリンの流入状況を少なからず反映しているものと見ることができる．すなわち流入

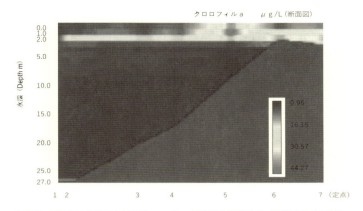

図 5.7　2014 年 5 月におけるクロロフィル濃度の鉛直分布（口絵 5.5 と同じ）

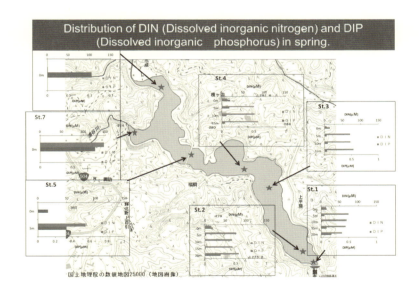

図 5.8　2014 年 5 月の各定点における溶存無機窒素（DIN）と溶存無機リン（DIP）の鉛直分布

する過程で消費や希釈があるとしても，輝北ダム近辺に近づくにつれて窒素の濃度は上昇しており，近辺に汚染源が存在することを示唆している．

一方，湖内の窒素とリンについては図 5.11 にその特徴を示す．図 5.11 はダ

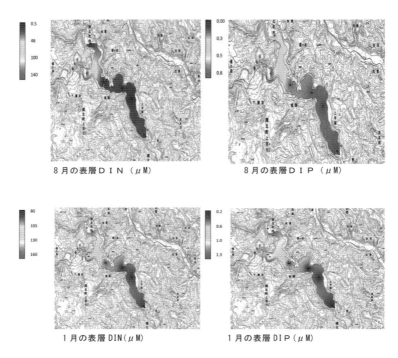

図 5.9 輝北ダムの 8 月と 1 月における溶存無機窒素（DIN）と溶存無機リン（DIP）

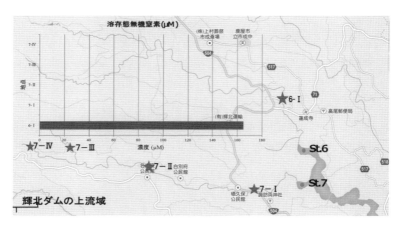

図 5.10 輝北ダムの流入河川における溶存無機態窒素の濃度分布

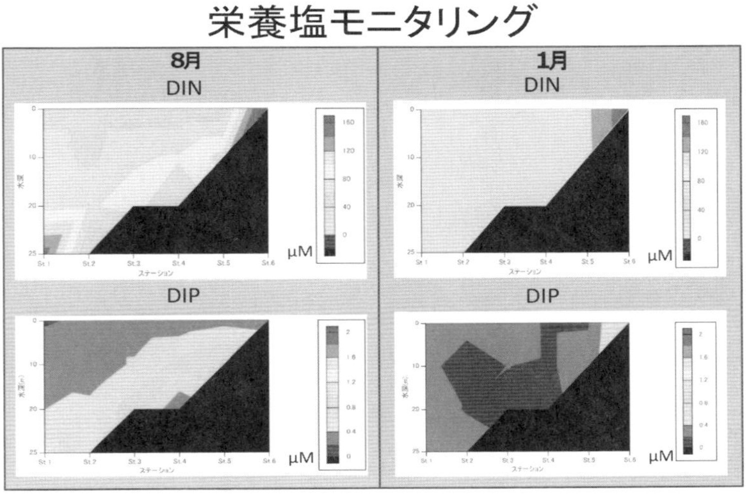

栄養塩モニタリング

図5.11 輝北ダムの縦断面における8月と1月のDINとDIPの鉛直分布（縦軸が水深、横軸が定点、左St.1がダムサイト、右St.6が流入河川）

ムの縦断面における8月と1月のDINとDIPの鉛直分布を示す．右側のダム流入河川からの窒素とリンの供給の状況がみてとれるのと同時に，湖底からの栄養塩の溶出が起こっていることがわかる．上記のことから，このダムは流入河川からの定常的な栄養塩の供給と，夏期の湖底の無酸素化に伴う栄養塩の溶出，それに続く循環期の混合供給によって，アオコが発生することが，考えられるシナリオである．それでは，輝北ダムのアオコを防ぐ手段はないのだろうか．まず考えたのが，流入してくる窒素とリンを河口域で食い止められないだろうかという課題である．

（4）輝北ダムのアオコを水耕栽培で防げないか

先の述べたとおり，春から始まるアオコの発生を河口域の窒素とリンを吸収することによって防げないか試してみることにしたのである．

水耕栽培の候補として，ジュンサイ，クレソン，空芯菜，みずいもなどを試したが，霜に弱かったり冬を越せなかったりして，最終的に残ったのは空芯菜である．空芯菜の水耕栽培による栄養塩の回収実験は成功した（写真5.1）．

写真 5.1　空芯菜の水耕栽培による栄養塩の回収実験風景（左）と空芯菜（右）

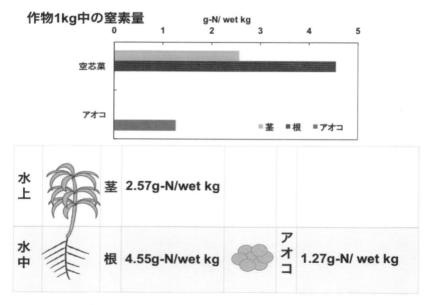

図 5.12　空芯菜とアオコの窒素含量の比較

　量的な解析結果を図 5.12 に示す．ここでは湿重量当たり，茎でアオコの 2 倍，根で 3 倍の窒素含量があることが明らかになった．年に数回の収穫を密に行えば栄養塩の回収に実用的なレベルまで行けるのではないかと考えられたが，単

純に計算を行ったところでは,流入量の6〜10％が限界であることがわかった.すなわち水耕栽培で栄養塩の回収によるアオコの制御は困難である.

　実用化でもっとも重要な点は,いかに人件費と維持費を安価に抑えるかにかかっていることも明らかになってきた.日本ばかりではなく世界的にアオコの対策には特効薬が無いと言われており,その対策に技術革新が望まれているのが現状である.このようなエコテクノロジーの取り組みがその一助になることを期待したい.

(5) その後,輝北ダムのアオコはどうなったか

　さて,その後の輝北ダムでの展開を紹介したい.2014 年以来,いつものようにモータボートで観測に出かけた 2017 年 9 月に,ボートの航跡がいつもと違うのである.かき分けたアオコの真ん中に茶色の航跡が続いてくるのである(写真 5.2:口絵 5.6 と同じ).最初は水位が下がって,プロペラが湖底の泥を巻き上げているのかと思ったが,いつもと様子が違うので早速,研究室に帰ってその水を顕微鏡で見てみた.それはなんと,*Ceratium* のブルームだったのである(写真 5.3).

Microcystis と *Ceratium* が同時

写真 5.2　輝北ダムのアオコの中に茶色の航跡
　　　　　(口絵 5.6 と同じ)

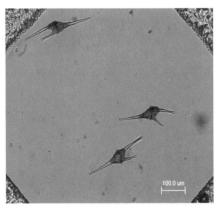

写真 5.3　茶色ブルームの正体(*Ceratium*)

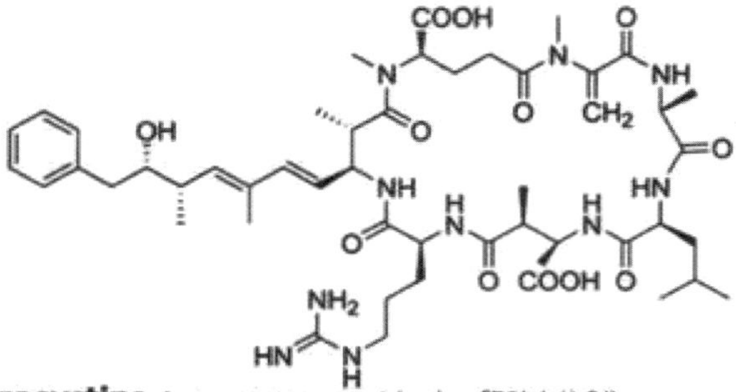

Microcystins : LD₅₀: 25-150 μg kg⁻¹（マウス腹腔内注射）
生産藻類: *Microcystis aeruginosa, M. viridis, Anabaena flos-aquae, A. circinalis, Planktothrix agardhii, P. isothrix, Oscillatoria limosa, Aphanizomenon ovalisporum, Anabaenopsis millerii, Nostoc, Aphanocapsa spp., Cylindrospermopsis raciborskii, etc.*

図 5.13　ミクロキスチンの構造式、毒性の強さ、生成株の名称（朴 2014）

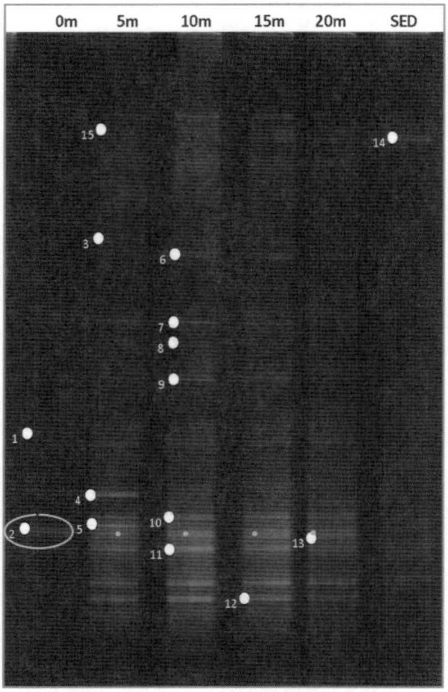

Band	Species	Similarity	Accession Number
1	uncultured *Nexibacter* sp.	99.6%	KC815494
2	*Microcystis aeruginosa*	99.8%	NR_074314
3	uncultured bacterium	100%	KC666989
4	*Dechloromonas* sp.	99.8%	AF479766
5	*Dechloromonas aromatica*	96.1%	NC_007298
6	*Niastella koreensis*	92.3%	NC_016609
7	*Methylotenera versatilis*	95.8%	NC_014207
8	*Bacteriovorax marinus*	86.1%	NC_016620
9	*Methylotenera mobilis*	98.3%	NC_012968
10	*Rhodoferax ferrireducens*	99.6%	NC_007908
11	*Ilumatobacter coccineus*	89.9%	NC_020520
12	*Streptomyces fulvissimus*	91.0%	NC_021177
13	*Sideroxydans lithotrophicus*	93.0%	NC_013959
	Azoarcus sp.	94.3%	NC_008702
14	*Chamaesiphon minutus*	84.6%	NC_019697
15	*Flavobacterium branchiophilum*	96.3%	NC_016001

Microorganism detection of dam water by DGGE method

図 5.14　輝北ダムの各水深ごとの DNA パターン（左）と各バンドの生物種（右）

にブルームを形成するのを見たのは初めての経験であった．これまで約10年間は圧倒的に *Microcystis* が優占していたのが，どのような機構でこのような現象が起こるのか．モニタリングの継続がいかに大切か思い知らされた感がある．今後このテーマは継続して研究していくつもりである．

(6) アオコの毒について

アオコを形成するミクロキスチスの中にはミクロキスチンという毒素を生産する株がある．現在10種以上の株で毒性が確認されているが，輝北ダムの株はいまのところ毒性を確認していない．一般的なこの毒の構造式を図5.13に示す．図に示すとおり，7つのアミノ酸から構成される環状ペプチドであるが，構成されるアミノ酸の種類によってさらに細かく分類され，現在90種以上の構造が決定されるにいたっている（朴 2014）．ミクロキスチンは肝臓において特異的に毒性を発揮するといわれている．毒性の発現機構については，前述の朴氏のレポートを参照されたい．

なお，毒性を持った株かどうか，あるいは毒性を持った株に遷移しないかどうかについては，輝北ダムにおいてモニタリングを実施している．具体的には，湖内の各層から採水ろ過し，抽出したDNAから16S rDNAをPCR増幅する．それをDGGE法（変性剤濃度勾配ゲル電気泳動法）によって分別し，各層の生物の分布パターンを明らかにするのである．その一例を図5.14に示す．

これは2015年8月のサンプリングデータである．図中の2番のバンドがミクロキスチス株のものである．各層にあるがSEDと書かれた底泥表層には存在していない．これはDNAが分解して存在していないことを示唆している．このようにどの時期のどの層に何の株が存在するかモニターできるようにしている．

(7) アオコを殺す細菌について

さて，アオコを殺す細菌によってアオコを制御できないのかについては，私が琵琶湖でも研究を行ってきた．結論から言うとそれは，現実的には困難である．簡単に説明すると，アオコに付いてくる細菌は，初めはアオコの増殖を促進するような物質を生産し，後半に自らアオコを分解するのである．つまりア

オコを増やしては食べる繰り返しを行うのである．これではアオコを減らすための制御は困難であることがわかったのである．鹿児島大学に移ってからも当研究室ではこの研究を継続している．アオコを殺すだけの細菌も分離同定している．具体的には *Pedobacter* 族の細菌群が効率よく粘性物質を作ることによってアオコを殺藻するようである．詳細は得研究室で行った論文（Lie et al. 2012）を参照されたい．

(8) アオコはそれを食べる魚でコントロールできないか

　アオコを食べる魚がいるのか，それはアオコの制御の上で重要な課題である．私はかつて，京都大学臨湖実験所の三浦泰蔵先生に中国の太湖に行かないかと誘われ，文科省の海外学術プロジェクトのメンバーとして参加させていただいたことがある．太湖の近辺では綜合養魚といわれる中国古来の養殖技術があり，その中にはアオコといかにつきあうかという命題も隠されていると説明されたからである．

　太湖の中にはセキショウモという水草が繁茂しているが，これを収穫して小舟に積み，太湖の湖岸の水路を経由して養殖池に運ぶのである．養殖池に投げ込まれた水草の山は，みるみるうちにソウギョに食べられて一日でなくなってしまう．最初これを見たときは，その驚異的なスピードが信じられない思いをしたものである．ソウギョの糞はコクレン，ハクレンが食べるので，このときに池のアオコも同時に食べるのである．そして，このコクレン，ハクレンの糞を武将魚やフナが食べる．これら3種の食性の異なる魚たちが驚異的な速度で食物連鎖を回転させることによって，高い魚類生産性を維持していることを，安定同位体を用いた解析手法や腸内微生物の活性測定など，さまざまな角度から捉えるのが，このプロジェクトの課題であった．

　そして，ここにアオコをコントロールする秘密が隠されているのではないかと私達は考えていたのである．その概念図と現場写真を図5.15に示す．

　結論から言うと，アオコを食べるコクレン，ハクレンにアオコの掃除屋としての役割を願っていた私達の期待は全く裏切られてしまった．コクレン，ハクレンはアオコを食べるが，いわゆる胃酸を出して，殺しはしないのである．それどころかタオルをしぼるように，魚によって栄養分を搾り取られて，疲労困

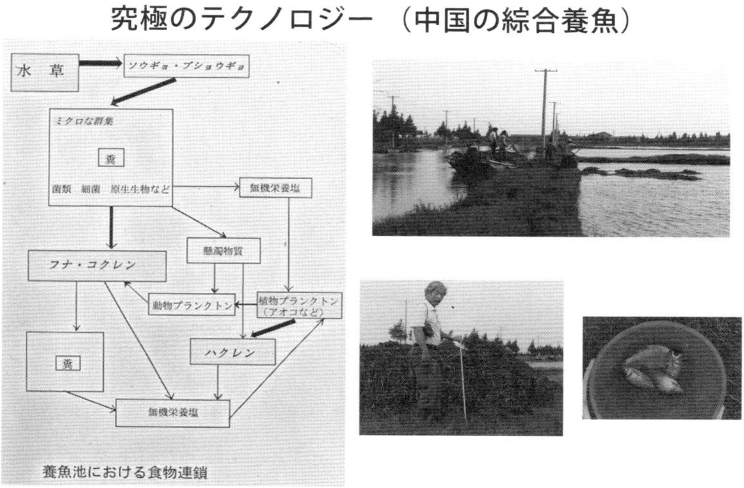

第5章 水と生活

究極のテクノロジー（中国の綜合養魚）

図 5.15 中国における綜合養魚とアオコの関係（写真は三浦教授）

憊したアオコはコクレン，ハクレンの糞となって体外に排出された途端に，生きようと必死にもがいて再生を図り，結果として光合成活性は増大するのである．人間に譬えるなら，飢餓状態ぎりぎりの状態で，いきなりご馳走を前にするようなものである．すなわち，コクレン，ハクレンはアオコを食べるが殺すことはなく，むしろアオコの栄養を搾り取ることによって，却ってアオコを元気づかせることに貢献していたのである．中国四千年の知恵とは，かくなるものかと納得したのを覚えている（三浦ほか 1900；岩田ほか 1992）．

（9）インドネシア・バツール湖のアオコ対策の共同研究

インドネシアのバリ島は有名な観光地であるが，その島の中でもバツール湖は（図 5.16）は観光客に人気のあるスポットの一つである．それは熱帯でありながら高地にあるので比較的涼しい環境にあるからである．

バツール湖（写真 5.4）の富栄養化問題は近年になって顕在化してきた．すなわち，湖面にホテイアオイが繁茂し，それが腐敗して悪臭が漂うようになるのと同時にアオコが発生するようになっていたのである．この湖は火口湖で，流入する大きな河川はない．流出は1カ所だけポンプによる揚水が行われてい

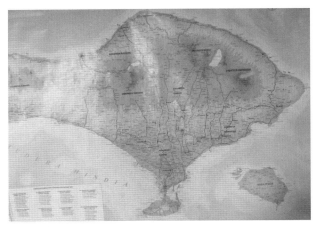

図 5.16 バツール湖は右上(バリ環境局のガイドブックより)

写真 5.4 バツール湖,手前はテラピアの養殖場

るに過ぎない.水位は人為的にコントロールされることはなく,自然に変動する.

　この研究は 2016 年 5 月に開始したバリ県の環境局(写真 5.5,5.6)との共同研究である.現場調査の時に,実はこれまで地元の人はこの湖についてはあまりよく知らないことがわかった.ちなみに,湖の水深すらよく知らないのであ

第5章 水と生活

写真 5.5　バツール湖調査隊

写真 5.6　中央が調査船，後方は活火山

る．当初は最深部が 50 m と聞いて，観測用のケーブルを 60 m に設定して持参したが，実際には 80m 以上あって，湖底の最深部の情報を取ることができなかった．地元の人の話では風が吹くと湖水が混ざるので，湖底は酸素がなくなることはないとの情報があった．ところが測定して驚いたことに，わずか 3.5 ℃の温度差で水温躍層が見られ，深層は無酸素化することがわかった．これには環境局の担当官も含めて，参加者全員が驚いてしまったのである．

図 5.17 に示す観測点に沿って，水温の断面図を図 5.18 に示す．図中の縦軸は水深，横軸が各定点を示す．以下の鉛直分布も同様である．図 5.16 から見て取れるように，わずかな温度差で水温躍層が形成されているのがわかる．一般に熱帯地域の湖は風によってすぐに上下混合が起きるので，これくら

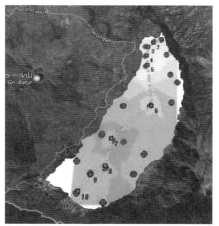
図 5.17　バツール湖の観測定点

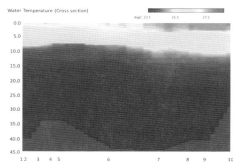
図 5.18　バツール湖の水温の鉛直分布

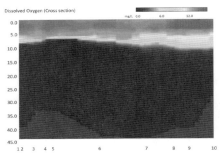

図5.19 バツール湖の溶存酸素の鉛直分布

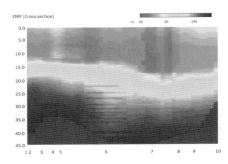

図5.20 バツール湖の酸化還元電位の鉛直分布

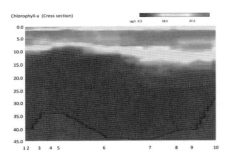

図5.21 バツール湖のクロロフィルaの鉛直分布

いの深さの湖では無酸素にはならないといわれているがバツール湖はそれには当たらないのである．図5.19は溶存酸素の鉛直分布である．水温躍層の下あたりから無酸素層が形成されているのがわかる．図5.20は酸化還元電位の鉛直分布である．これまでこのような鉛直分布を見たことがないので驚いた．湖底に近くなるとかなり低下しているので，硫化水素等の存在が予想される．

さて，肝心のアオコについて説明したい．図5.21はクロロフィルaの鉛直分布鉛直分布である．いわゆるアオコの分布をこの図から読み取ることができる．すなわち水温躍層より表層にアオコが集積し，それよりも深いところにはアオコは見られない．先に述べた輝北ダムと全く同じ状況がここに展開しているのである．残念ながら，採水の許可がもらえなかったので，今回の調査は，現場観測に終始したが，機会があれば再調査に挑戦するつもりである．

(10) ミャンマーのアオコ：スピルリナの培養

以上のようにアオコは厄介な問題として扱われているが，場合によっては逆の場合もある．ミャンマーのヤンゴンから飛行機で内陸に1時間の所にマンダレーがある．そこからさらに車でおよそ4時間走ると，サバンナの中ほどにあ

第5章 水と生活

写真5.7 ミャンマーのツウインタン湖のスピルリナのアオコ

写真5.8 ツウインタン湖のスピルリナの顕微鏡写真

写真5.9 収穫されたスピルリナから作られた製品（スパゲティ，シャンプーなど）

る小高い丘につきあたる．丘の頂上に辿り着くと，そこからいきなりエメラルド色の湖が目の前に広がる．サバンナのなかの宝石とでもいうのか，一瞬息を飲む思いがしたものである．そのツウインタンという湖は，この湖自体がスピルリナの養殖地なのである（写真5.7）．

同じアオコでも，その構成種がミクロキスチスとスピルリナ（写真5.8）では，人の対応は大きく違う．ここのアオコは価値のあるものとして取り扱われているのである．収穫されたスピルリナからは，さまざまな製品が作られている（写真5.9）．2003年に訪問したとき，ミャンマーの第一工業省が管轄するこの湖

のスピルリナは乾燥1kg当たり，7ドルで取り引きされていた．
　どこでも疎まれるミクロキスチスのアオコと，お金を産んでくれるスピルリナのアオコとでは，その価値は大きく異なる．あの輝北ダムのアオコがこのスピルリナであったら，いかに価値あるものとして，みんなから感謝されるだろうかと考える昨今である．

（11）ベルリンのTegel湖（テーゲル湖）のアオコ

　富栄養化の制御がいかに困難であるのかについて，これまで述べてきたが，その制御に成功している事例もある．ドイツ・ベルリンのTegel湖（図5.22）における流入河川水の全量処理によるリン削減がその事例である．

　Tegel湖は，ドイツの首都ベルリンの北西部に位置し，ベルリン域の上水水源の約2割を供給するとともに，市街地に近接することから親水利用の盛んな水域である．水面積 3.1 km², 最大水深 16m, 平均水深 7.6 m, 湖水容量 2315万 m³ の自然湖沼である．流入河川は Nordgraben 川と Tegeler 川であり滞留時間は約75日である．流入水に対して Nordgraben 川の下水処理場の放

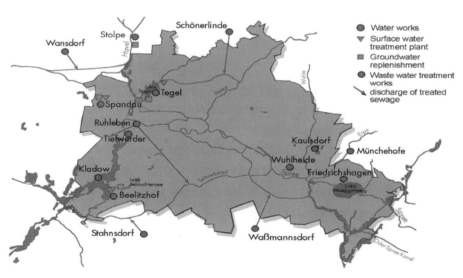

図 5.22　ドイツ・ベルリン地域の Tegel 湖および Schlachtensee 周辺の上水道（Water works）と下水処理施設（Waste water treatment）の地図（Chorus ら 2011）

流水が多くを占めるために，対策前（1985年以前）の無機態栄養塩濃度は過栄養レベルであった．その結果 *Microcystis* 属等によるアオコが例年発生し，親水利用および上水水源として極めて不適な状態であった．一方，その下流の Schlachtensee は水面積 0.42 km^2，最大水深 9 m，平均水深 4.7 m，湖水容量 197万 m^3 の自然湖沼であり滞留時間は約 210 日である．ここは Tegel 湖よりも小さくかつ滞留時間が長いために富栄養化がより深刻であった．そのため Tegel 湖よりも早く富栄養化対策がとられた経緯がある．

上の両方の水域において 1980 年代以降，湖内対策としての気泡循環対策と，流入河川におけるリンの浄化施設（PEP: Phosphorus Elimination Plant）が導入された結果，貧栄養化に成功し，現在はベルリン近郊の親水および上水原水としての役割を果たしている．

ここにおける気泡循環対策とリン除去施設対策の二つの対策を紹介したい．

気泡対策では，例えば Tegel 湖においては，15 基の空気吐出施設から総空気量 9 万 1000m^3/d が放出されている（吐出水深水深 12〜16 m）．この対策規模は 1980 年から 2004 年まで実施され，通年稼動だけでなく間欠稼動など様々な運用方法が行われた．特筆すべきは，日本では間欠式揚水筒を導入していた時期から，適切な規模での循環装置が導入されたことに加え，既に約 30 年前から近年日本において河川環境分野で議論されている中規模撹乱仮説が実施設の運用で議論されていたことである．

流入リン負荷除去対策としての PEP は，Schlachtensee において 1981 年に先行して運用が開始された．その後，規模を拡大して Tegel 湖の上流に無機態リンの除去施設として，1985 年から稼動している．本施設は，流入河川の平水流量に相当する最大約 6 m^3/s の全量を処理している（写真 5.10）．

なお，出水時の余剰流入量である約 2.4 m^3/s はその全量を放流河川にバイパスしているために，無処理水は Tegel 湖に流入しないシステムとなっている．処理方式は，前処理として沈殿槽を経由した後，吸着剤（鉄）を添加しリン酸鉄のフロックを軽石を混合した濾剤を用いた緩速濾過で除去するものであり，リン除去に特化したシステムである．その概略を図 5.23 に示す．

なお，ドイツ地方は日本と気象特性が異なり出水時の流量が多くないために栄養塩負荷量供給バランスが異なる．このため，少ない出水流入量の全量バイ

写真 5.10　リンの浄化施設（PEP）の上部（左）と地下の処理装置（右）

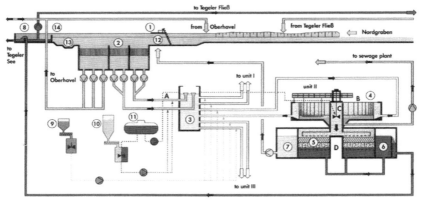

1 course screen
2 fine screen
3 distribution tower
4 sedimentation tank
5 filter
6 filtrate- and flushing water tank
7 backwash water tank
8 outflow
9 dissolution- and dosing equipment for coagulation
10 dissolution- and dosing equipment for granulated coagulants
11 dissolution- and dosing equipment for liquid coagulants
12 inlet basin
13 sand traps
14 weir

図 5.23　リンの浄化施設（PEP: Phosphorus Elimination Plant）の概略図

パスが可能であること，結果として溶出栄養塩負荷の寄与度が大きいために平水時の流入リン負荷除去が顕著な効果を有する特性がある．流入河川のリン濃度は処理前の 0.8 mg/L から約 1/40 に相当する 0.02 mg/L に，湖内リン濃度も約 0.8 mg/L から約 0.03 mg/L まで低下し，以前の極度の有害藍藻類の増殖は

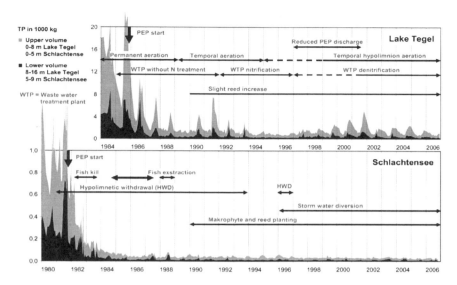

図 5.24 Tegel 湖と Schlachtensee における TP（総リン）の経年変化．それぞれ PEP の稼働後の上層（Upper）と下層（lower）の濃度変化を示す．矢印でそれぞれ PHP の稼働開始時期が示してある．またそれぞれの水域におけるイベントが標記してある

抑制された．図 5.24 に Tegel 湖と Schlachtensee における TP（総リン）の経年変化を示す．

　ここで注目されるのが，窒素除去を積極的にとりやめたことである．バルト海諸国の研究者達により硝酸態窒素はリン制限水域においては，一次生産に対する栄養塩供給ではなく，酸化剤として溶出抑制に作用することが 30 年以上前から指摘されていた．実際に上述した流域の下水処理施設において，1991 年から 1997 年までの硝化処理の期間は湖底からのリン溶出が減少したのに対して，1998 年から開始された脱窒処理後は，湖底からのリン溶出が徐々に増加した．その結果，窒素除去を取りやめ，現在は硝酸態窒素は積極的に供給されている．わが国においては，リン制限水域においても富栄養化対策として流入窒素除去対策が実施されている．窒素リン対策の基礎原理としてのリービッヒの最小律から考えてもそうした水域での窒素除去は必要性が低いはずである．しかも上述した硝酸態窒素の作用は，窒素除去が場合によっては，富栄養化対策として悪影響を与えている可能性を示唆しており，今後の研究が必要で

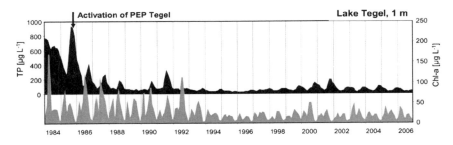

図 5.25 Tegel 湖のリン濃度とクロロフィル濃度の経年変化．矢印が PEP の稼働開始時期を示す

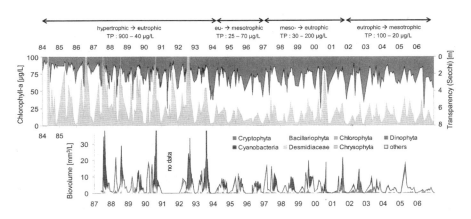

図 5.26 Tegel 湖のクロロフィル濃度と透明度（上段）および植物プランクトンの生物相（下段）の経年変化．リン濃度が高い時期はラン藻が優占し，低下すると珪藻が優占していることがわかる

あるとされている（古里 2014）．

　なお，リン濃度の低下にともなって両水域のクロロフィル濃度も劇的に低下した．図 5.25 に Tegel 湖のリン濃度とクロロフィル濃度の経年変化を示す．この傾向は Schlachtensee においてもまったく同様である．1985 年の PEP の稼働開始以降，季節変化はあるものの，クロロフィル濃度は減少していることがわかる．

　一方，図 5.26 に Tegel 湖のクロロフィル濃度と透明度および植物プランクトンの生物相の経年変化を示す．クロロフィル濃度が低下するのと同様に透明度の回復が確認できる．一方，優占種も劇的に変化しているのがわかる．リン

濃度の低下が始まっても，しばらくはミクリキスチスをはじめとするラン藻の優占が続いたが，2000年を境にそれ以降は主に珪藻が優占するようになっている．　以上のように，気泡循環対策とリン除去施設対策によって，Tegel湖やSchlachtenseeにおいて，ミクリキスチスの制御は可能であることがわかる．しながら，施設の建設費の数十億や年間数億円の処理費用は莫大なものであることを忘れてはならない．

3. 赤潮の話

(1) 南九州における赤潮の動向

　現在，私の研究室で取り組んでいる赤潮についての話題を紹介したい．赤潮とは主に植物プランクトンが大量に発生して海が赤色や褐色に着色する現象で，養殖の魚を大量に斃死させることが問題となっている．

　八代海を中心に南九州では2009年から2010年に植物プランクトンの一種であるシャトネラが大量に発生し，養殖業に88億円の被害をもたらした．このような被害を背景に各界から赤潮に対する対策技術の確立が大学に求められている．当大学では，主に水産学部と工学部が中心となって各専門家を組織し，赤潮の予知・予防および赤潮被害の低減化とともに赤潮生物の回収と有効利用の高度化を行うことを企画している．また，県や漁協ならびに他大学等と連携して，南九州における赤潮研究の専門家集団を教育し，涵養する拠点の構築をめざしている．我が国ばかりではなく世界的に，水産増養殖にとって赤潮は依然としてもっとも大きな驚異なのである．上述のような赤潮が頻発すれば，この地域の養殖業は崩壊の恐れがあるとして，長崎県，熊本県および鹿児島県の知事から本学に向けて，赤潮に対する対策技術の確立を希求する要望書が寄せられた（2010年8月）．また，地元漁協からは総合的な対策とともに，被害低減への個別の指導も求められている．各県の水産研究センターにおいても赤潮対策研究は実施してはいるが，県境を乗り越えた大がかりな対策研究は大学でなければ不可能であると考えられている．一方，近年の地球温暖化に伴う海水温の上昇により，亜熱帯性の魚類や海藻が北上し，在来魚種の減少や磯焼けが問題となっている．このような問題を抱えている自治体は南九州に数多く存在

し，環境変動の機構解明や将来予測などこれらの懸念の払拭に対する期待も大学に寄せられている．このような要請と期待に応えるためには学際的な取り組みが必要であるが，当大学ではそれぞれの分野の専門家を擁しており，学部を乗り越えてこれらを結集すれば，赤潮研究を中心とした一大研究拠点を構築することは可能であると考える．この研究拠点があれば，赤潮に限らず，今後懸念される温暖化等の環境変動に科学的学問的な裏付けを提供することも可能になるはずである．赤潮被害をもろに被り，亜熱帯から温帯に至る温暖化の影響をもっとも深刻に受ける水域を研究対象にもっている本学にとって，上記の試みは，緊急に対応すべき課題であると考える．

(2) 赤潮研究の新展開

鹿児島大学では文部科学省の概算プロジェクトとして，「増養殖環境保全のための赤潮モニタリングおよび対策法の高度化―南九州における赤潮研究拠点の構築―」と題した研究プロジェクトが採択され，2014年4月から活動を開始した．すでにご報告したとおり，八代海を中心に南九州では2009年から2010年に植物プランクトンの一種であるシャトネラが大量に発生し，養殖業に88億円の被害をもたらした．また，2013年には山川湾でこれまでとは異なった種類の赤潮が2月に発生して関係者を驚かせた．このような被害を背景に，各界から赤潮に対する対策技術の確立が大学に求められている．当大学では，主に水産学部と工学部が中心となって各専門家を組織し，赤潮の予知・予防および赤潮被害の低減化とともに，赤潮生物の回収と有効利用の高度化を行うことを企画している．また，県や漁協ならびに他大学等と連携して，南九州における赤潮研究の専門家集団を教育し，涵養する拠点の構築をめざしている（図5.27）．

九州における，赤潮被害については，以下のようになる．図5.28に九州地域における赤潮の発生件数と被害額の経年変化を示す．赤潮の発生件数はほぼ横ばいで推移している．また，被害金額においては，先に述べたとおり，2009年から2010年に88億円の被害をもたらしたことが特徴である．

赤潮発生の地理的特性を図5.29に示す．発生地域の特徴は閉鎖的水域であることである．具体的には，有明海，大村湾，八代海，錦江湾である．最近で

第 5 章 水と生活

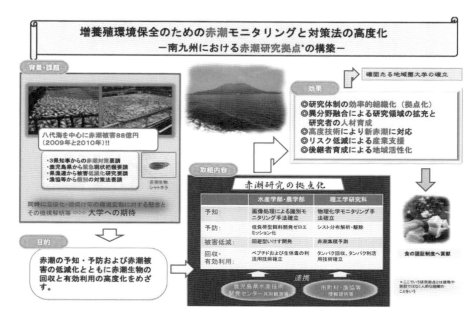

図 5.27 概算プロジェクト「増養殖環境保全のための赤潮モニタリングおよび対策法の高度化—南九州における赤潮研究拠点の構築—」の概念図

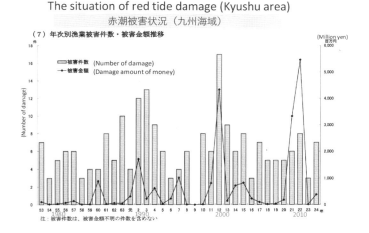

図 5.28 九州地域における赤潮の発生件数と被害額の経年変化

は志布志湾の内之浦においても赤潮発生が確認されている．

　赤潮被害をもたらす代表的な生物種を図5.30に示す．これらの種は九州地域における優占種であるが，年によって優占する種類と頻度が異なっている．その原因は未だに解明されていない．さらに詳細に述べると，同じ種であっても株によって毒性の違いがあるようで，場合によっては赤潮状態になる前に養殖魚が斃死するケースもある．

(3) 赤潮の予知

　赤潮の予知については，様々な角度からの研究がなされている．Onitsuka G. et al.（2015）は，八代海でのシャトネラ赤潮の発生と気象との関連性を調べている．それによると，シャトネラ赤潮（ブルーム）は冬季から春季の気温が高く，梅雨入り時期が遅い年に大規模発生する傾向があると述べている（図5.31）．さらに詳しく調べたのが図5.32である．図5.32は2～4月の八代の気温と海面気圧の差（東アジア冬季モンスーンの強さ）との間に有意な負の相関を見いだしたことを示している（冬季モンスーンが強いと八代の冬の気温が低くなる）．同時に，ここでは，2～4月の八代海の気温が高く，梅雨入りが遅れた年にシャトネラ赤潮が発生する傾向がみられたという結果を得ている．実線が八代の2～4月の気温で，破線が根室とイルクーツクの海面気圧差を示している．同様の条件で2013年から2016年のグラフを作成してみた（図5.33）．前述の条件を当てはめると，これらの年には赤潮は起こらないことになるが，実際には八代海でシャトネラ赤潮が発生している．すなわち，これらの条件からは，シャトネラ赤潮の予測は困難であることがわかる．

　一方，遺伝子解析から赤潮の予察を行う動きもある．具体的には，例えば現場の水，2Lをろ過し，フィルター上の懸濁物から全てのDNAを抽出し，次世代シークエンサーでフィルター上の全ての生物種のDNAを増幅する．このDNAを，あらかじめ赤潮生物のDNAを埋め込んだDNAチップにハイブリさせるのである．もちろん，この過程はガラススライドなどの実験器具を用いるのではなく，いわゆるバーチャルのデジタル上で操作するのである．これがデジタルDNAチップと呼ばれる所以である（図5.34）．

　これまでの実績では，赤潮発生の3日前までに赤潮の予察が可能であると言

The situation of red tide outbreak in July (Kyushu Area)

(Red area: red tide outbreak)

資料提供：水産庁九州漁業調整事務所

図 5.29　赤潮発生の地理的特性

Species of red tide causing plankton （Kyushu area）

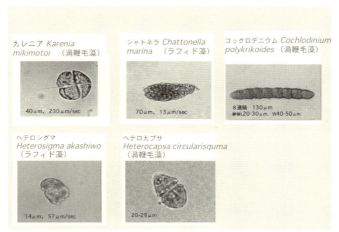

資料提供：水産庁九州漁業調整事務所

図 5.30　赤潮被害をもたらす代表的な生物種

- 八代における2-4月の平均気温と梅雨入り日はシャトネラブルームの発生年と非発生年の間で有意差を示した

  →ブルームは2-4月の八代の気温が高く、梅雨入りが遅れた年に発生する傾向が見られた。

※冬から春の気温が低く梅雨の開始が比較的早かった年にはブルームは小規模または発生しなかった。

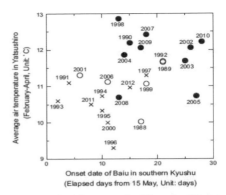

南九州の梅雨開始日と八代観測所での2月から4月までの気温の散布図。黒丸は、大規模なブルームの年を示す（最大細胞密度[100細胞/ml]、期間[10日間]、最大面積[100km^2]）。
白丸と×印はそれぞれ、小規模ブルームと非発生年を示す。平均気温と梅雨の開始日は、発生と非発生年の間で有意差があった(t検定、p<0.01)。
縦軸:八代の平均気温(2-4月)　横軸:南九州の梅雨開始日時

Scatter plot of air temperature from February through April at the Yatsushiro weather station versus the onset date of Baiu in southern Kyushu. *Closed circles* indicate the large-scale bloom years (maximum cell density >100 cells/ml, duration >10 days, maximum area >100 km^2). *Open circles* and *crosses* indicate the small-scale bloom and non-occurrence years, respectively. Means of air temperature and onset date of Baiu are significantly different between occurrence and non-occurrence years (*t* test, *p* < 0.01)

図 5.31　南九州の梅雨開始日と八代観測所での2～4月までの気温の散布図

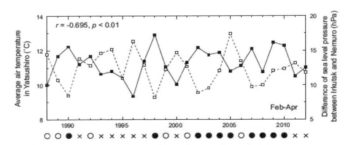

Temporal variation in air temperature at the Yatsushiro weather station (*closed square* and *solid line*) and difference in sea level pressure between Irkutsk, Russia (52°16′N, 104°21′E) and Nemuro, Japan (43°20′N, 145°35′E) (*open square* and *broken line*) from February through April. Sea level pressures in Irkutsk and Nemuro were extracted from the Monthly Climatic Data for the World archives of the National Oceanic and Atmospheric Administration/National Climatic Data Center (http://www.ncdc.noaa.gov/IPS/mcdw/mcdw.html). *Closed* and *open circles* represent large-scale and small-scale bloom years, respectively. *Crosses* represent non-occurrence years. Correlation coefficient (*r*) and probability (*p*) are shown

八代観測所での気温の時間変化（黒四角の実線）と2月から4月までのロシアのイルクーツク（52°160N, 104°210E）と日本の根室（43°200N, 145°350E）との海面気圧の差（白四角の破線）。イルクーツクと根室における海面気圧はアメリカ海洋大気庁／国立気候データセンターの世界の公文書の月毎気候データから引用した。黒丸と白丸はそれぞれブルームの規模が大きかったこと、小さかったことを表す。×印はブルーム非発生年。相関係数（r）と確率（P）を示す
縦軸左:平均気温右:イルクーックと根室の海面気圧の差

図 5.32　八代の2～4月の気温と海面気圧の差（東アジア冬季モンスーンの強さ）および赤潮の発生状況との比較

第 5 章　水と生活

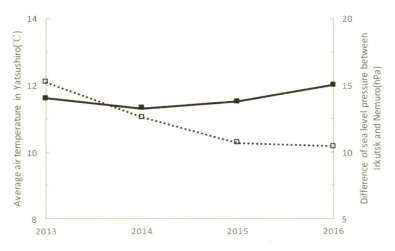

図 5.33　Onitsuka G. et al.（2015）と同様の条件で作成した 2013 年から 2016 年のグラフ

デジタルDNAチップ解析システムとは

Webブラウザでの操作でデジタルDNAチップ (参照塩基配列)に対して次世代シーケンサーのデータをハイブリダイゼーション (マッピング、相同性検索に相当)させることで、手軽にマイクロアレイに似た結果を得られるシステム

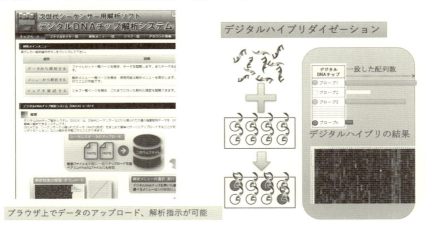

図 5.34　次世代シークエンサーによる解析（日本ソフトウエアー（株）の好意による）

われている．3日間の猶予があれば，生簀(いけす)を安全なところに移動したり，魚を取り上げて出荷したり，場合によっては，生簀を赤潮の影響のない深層に沈める手立てが取れるであろう．赤潮の発生は抑制できなくても，赤潮被害の低減化には寄与できるであろう．

ただし，この方法ですべての赤潮予察が可能になるわけではないことも知っておく必要がある．2015年に甑島で起こった赤潮は先に述べた赤潮生物とは全く異なった種類であった．当初，私も学生達も顕微鏡観察しても赤潮生物がいないのにもかかわらずマグロが死んでゆくので当惑した．後になってわかったのは，極めて珍しいディクチオカの一種であったのである．このように，今までに起こったことのない赤潮生物に対しては，あらかじめそのDNAを用意することができないのでデジタルDNAチップ解析は困難である．

(4) 赤潮の予防：(ヘドロ底質改善研究から)

養殖場の生簀の下に，ヘドロが溜っているとよくいわれるが，実際にそれを見た人は少ないのではないかと考えている．私の研究室は長年，このヘドロ底質の改善の研究を行ってきた．一般的な定義では，有機物(IL：強熱減量)が15％以上で硫化物が1 mg/g (乾泥)以上の底泥をヘドロと呼んでいる．

最近の成果を少し紹介したい．底質改善のために底泥に酸化マグネシウムを散布する方法である．室内実験で，通常のきれいな場所の底泥 (Control) と，これに養殖残餌を加えてヘドロ化したもの (Feed)，このヘドロに底質改善剤の酸化マグネシウムを1％加えたもの (1％MgO_2) と，同じく5％加えたもの (5％MgO_2) を用意した．そして，一定期間が経過したそれぞれの底泥の底質変化を比較してみた．図5.35に酸化還元電位の変化を示す．

ヘドロ化したもの (Feed) と酸化マグネシウムを1％加えたもの (1％MgO_2) では，酸化還元電位が低下しているが，5％加えたもの (5％MgO_2) では改善が見られる．同じく図5.36に全硫化物の変化を示す．酸化還元電位と同様に5％加えたもの (5％MgO_2) で硫化物生成が抑制されていることがわかる．

そこで，それぞれの底泥のなかの微生物相を調べてみた．これは底泥からDNAを抽出して，どのような微生物が生息しているかを特定の遺伝子の長さ

からバンドパターンとして識別する方法である．いわゆる DGGE 法（変性ゲル電気泳動法）と呼ばれるものである．その結果を図 5.37 に示す．

それぞれのバンドがその底泥に生息する細菌の属を代表していると解釈できる．当初，私たちは酸化マグネシウムを 5 ％加えたもの（5 ％MgO_2）では，底質が改善されたのだから通常のきれいな場所の底泥（Control）と同じようになるものと予想していたのが，これとはまったく別の結果となった（Santander S. et al. 2013a.b）．上段の Control のパターンと最下段の 5 ％MgO_2 のパターンがまったく異なっているのが確認できる．すなわち，生物相は予想以上に変化するのである．これがいわゆる底質改善の証拠であると考えている．

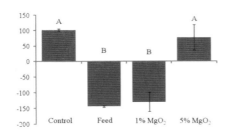

図 5.35　ヘドロ改善実験・酸化還元電位の変化　　　図 5.36　ヘドロ改善実験における硫化物濃度の変化

図 5.37　ヘドロ改善実験・泥中の微生物の変化を DGGE 法で示す．バンドパターンが異なる

（5）赤潮被害の低減化：紅藻ミリンによる栄養塩の回収

前述のダム湖における栄養塩の回収と同じような取り組みを，養殖場でも始めてみた．これまで当研究分野ではアオサに養殖場の栄養塩を吸収させ，それ

らをアワビやナマコの養殖に用いる複合エコ養殖法を検討してきた．その発展系として5年前から長島町の水産実験所で紅藻ミリンの培養法を試行してきた．

紅藻ミリンに着目した理由は以下のとおりである．第一に紅藻ミリンが活発に生育する春から夏にかけては栄養塩を取り込むことによって，赤潮生物との栄養塩をめぐる競合が起こることである．これによって赤潮制御の効果が期待できる．第二は，例えば生簀の近くなどで紅藻ミリンの増殖が起これば，それの光合成による酸素供給が期待できる点である．第三は，赤潮時期を過ぎて収穫し販売すれば大きな利益につながるからである．すなわち一石三鳥の効果が期待できるからである．

紅藻ミリンは長島町近辺に自生する海藻であるが，近年乱獲で激減している．これまで人工的な大量培養方法がまだ確立されていなかったが，昨年度，その培養法に目処がたってきた（写真5.11）．

紅藻ミリンは生理活性のあるミリンレクチンを含む産業的に有用な海藻で，栄養塩の回収と高付加価値の水産物としての提供が可能で，地域活性化の一助になってくれるのではないかと期待している．これから様々な条件における，栄養塩の回収効率を明らかにして行くつもりである．その後，ある企業からの提案で，廃校になった海岸脇の小学校（いちき串木野市の土川小学校）を利用して，ミリンの種苗作りを始めた．理科室や家庭科室などを活用して様々な条

 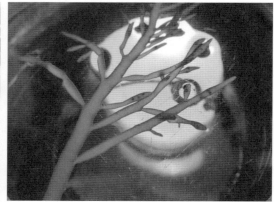

写真5.11　培養試験中の紅藻ミリン（左）とミリンの拡大図（右）

写真 5.12　船着場岸壁から見た旧土川小学校（左）と理科室のミリン培養実験（右）

写真 5.13　ミリン培養実験（左），ミリン種苗（中），沖出しで成長中のミリン（右）

件でミリンを培養し，種苗作りに最も良い条件を検討している（写真 5.12）．

　その結果，効率の良いミリンの種苗作りに成功し，それを港の外に沖出しして，どのように成長するのかを確かめた（写真 5.13）．

　今のところ順調に育ってきているが，沖出しに伴う食害や付着物の問題にも直面している．もうしばらく試行錯誤が必要であるが，いずれ産業化につながることを夢見ながらスタッフは頑張っている．

（6）今後の展開

　以上，これまでの取り組みをまとめて，今後の赤潮対策において何をすべきかについて，考えてみたい．具体的には，課題を短期的，中期的および長期的の3つに分けて対応する必要があるだろう．その取り組むべき具体的な課題を図 5.38 にまとめて示す．

> **今後の展開（何をしなければならないか）**
>
> 短期課題　◎モニタリングの高度化
> 　コミュニティーレベルのモニタリング／オートアナ・ドローン等センシング技術の活用
> 　生物モニタリング／フローサイト・フローカムand専門家の養成
> 　遺伝子(DNA)モニタリング／次世代シークエンサー（NGS）and DNAチップの構築
>
> 中期課題　◎被害の低減化
> 　赤潮回避手法／回避型イカダの開発
> 　赤潮への抵抗力強化／防除法の高度化（生物的駆除・化学薬剤）and 耐性種の涵養
> 　赤潮発生予測／底質のモニタリング（シスト検出技術等）
> 　赤潮発生抑制／シストの分布把握手法と処理法の高度化
>
> 長期課題　◎富栄養化との調和（妥協？＝ギリギリの選択）
> 　コミュニティーレベルの養殖許容量／算定と適正化（シミュレーションの活用）
> 　栄養塩の制御／栄養塩の回収（人に有用な海藻の利用等）

図 5.38　今後取り組むべき課題

　短期的には，赤潮生物のモニタリングの高度化が必要である．詳細な手法は図中に示す通りである．迅速かつ簡便な手法で，少なくとも赤潮が起こる数日前には予測できることを目指すべきである．中期的には，被害の低減化のために例えば生簀の改良による赤潮回避型生簀の開発や赤潮シストの分布把握と底質改善手法の開発が望まれる．長期的には，先の紅藻ミリンの事例のように，栄養塩のコントロールを水域全体として取り組む必要があるであろう．

　また，最近では瀬戸内海のノリの不作など，富栄養化とは逆の貧栄養化問題が注目されるようになってきたことにも注意を払う必要がある．このように富栄養化が起こる一方で貧栄養化も同時に起こるようになったことを，私なりに偏栄養化の時代に入ったと解釈している．日本各地で起こっている富栄養化と貧栄化養だけでは説明のつかいない事象，いわゆる偏栄養化について今後私たちは向き合っていかなければならないのではないかと考えている．そのためには，単に栄養塩の濃度だけのモニタリングだけではなく，栄養塩構成要素のバランスの変化とともに生態系の変遷にも注意を払う必要がある．

4. おわりに

今回，私が本章で取り扱ったアオコと赤潮の問題は，いずれにおいても水と生活に密接に関わっている．これは言い換えれば，人類と地球環境の相互作用の将来を考えることになろう．図5.39にローマ・クラブの世界モデルによる21世紀末までの予測（吉良 2013）を示す．

これによれば人口は2050年ごろをピークに，その後，減少するものと予想されている．注目すべきは，資源の減少とともに汚染も進行する点である．水も貴重な資源の一つであることを，今一度認識する必要があろう．同時に汚染が進行することも注目すべきである．

さて，水資源に逼迫している国では何を考えているかについて知る機会を得たので，以下に，サウジアラビアのKAUST（King Abdullah University of Science and Technology）の紹介をしたい．五條堀孝先生がここの研究所長を務められていることもあって，KAUSTを訪問する機会を得た．2016年12月に開催されたKAUST Research Conference: Computational Systems Biology in Biomedicineに出席するためである．成田からアブダビに飛び，アブダビから砂漠を飛び越えてジェッダに向かう途中，砂漠の中に異様なものを見つけ思わず写真に撮った（写真5.14）．

砂漠の真ん中に緑のスポットがポツポツと見えるのである．最初は錯覚かと思ったが，近づくにつれ，それが砂漠の地下水を汲み上げて農作物を作るセンターピボット農法であることに気がついた．地下水と言っても，それは化石水とも言われている，いわゆる有限の水であることは言うまでもない．砂漠の上を飛びながら，人の叡智は素晴らしいとは思うものの，同時に危機感を抱かされる．今更ながら水の貴重さを実感する環境学習の時間となったのである．

さて，ジェッダから車で1時間もしないうちにKAUSTに着く．砂漠の中に忽然と超近代的ビルとモスクが並んで配置され，一言で表現するとアミューズメント施設のないディズニーランドといったところであろうか．前国王のアブドラ国王が1兆円以上を投じて2009年に創設された大学である（写真5.15）．

研究施設（写真5.16）にも研究費にも恵まれ，研究者にとってはまさに天国

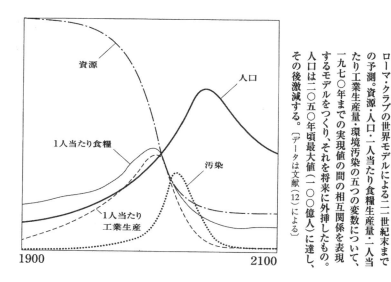

図 5.39　ローマ・クラブの世界モデルによる 21 世紀末までの予測（吉良 2013）

ローマ・クラブの世界モデルによる二二世紀末までの予測。資源・人口・一人当たり食糧生産量・一人当たり工業生産量・環境汚染の五つの変数について、一九七〇年までの実現値の間の相互関係を表現するモデルをつくり、それを将来に外挿したもの。人口は二〇五〇年頃最大値（一〇〇億人）に達し、その後激減する。〔データは文献（12）による〕

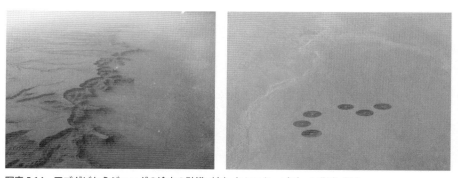

写真 5.14　アブダビからジェッダの途中の砂漠（左）とセンターピボット農法（右）

のような大学で，羨ましい限りである．この大学の研究業績は世界でもトップクラスにランキングされ始めていることは言うまでもない．

　羨ましがってばかりいないで，この現実を冷静に見つめると，豊かな資金を将来のために何に投資するかという命題に対する答えの一つがここにあることに私たちは気付かされる．すなわち，この国の投資の対象の一つは脳科学であ

第5章　水と生活

写真 5.15　KAUST の学生会館（左）と遠方のタワーは大学のシンボルモニュメント（右）

写真 5.16　KAUST の研究室（左）と実験室（右）

り，もう一つは遺伝子資源なのである．脳科学とは脳の進化の解明や脳神経の解析などを基礎として，将来は人工知能など幅広い応用分野に発展する科学技術分野である．五條堀先生が所属するメタゲノムの遺伝子資源分野では，まさに画期的な試みがなされている．例えば海洋からこれまで知られていない遺伝子を大腸菌に導入し，これまで知られていない酵素を作ることに成功しているのである．まさに将来を拓くために何をしなければならないかを考える良い参考になるだろう．最近，研究と教育に予算を出し渋るどこかの国とは大違いである．

　さて，ぼやいてばかりはいられない．研究の進展と研究者の育成は喫緊の課題である．今後の若者たちの頑張りを切に願う次第である．

（前田広人）

参考文献

岩田勝哉他（1992）中国綜合養魚に関する生態・生理学的研究．海外学術研究（03044075）

岩田友三他（2018）現場海域の細菌群集存在下における Heterosigma akashiwo 殺藻細菌の殺藻活性とその動態．*日本防菌防黴学会誌*．46: 337-342

吉良龍夫他（2013）地球のヒトの定員．地球生態系の危機：農と食の未来．新樹社．356pp

三浦泰蔵（1990）中国綜合養魚に関する生態・生理学的研究．海外学術研究（01044078）

朴虎東（2014）アオコにより生産する毒素に関する研究．*水環境学会誌*．32: 229-231

古里栄一他（2016）ダム貯留水の戦略的品質確保に関する今後の研究課題―河川連続性を考慮した貯水池内における微小藻類物理生育環境および制限栄養塩動態制御の欧州と日本の相違点―．平成28年度土木学会環境水理部会研究集会2016 講演要旨集．p. 6-7

Chorus. I. et al.（2011）Oligotrophication of Lake Tegel and Schlachtensee Berlin. Analysis of System Components Causali-ties and Response Thresholds Compared to Responses of Other-Waterbodies. Umweltbundesamt. Germany. 157pp

Onitsuka G. et al.（2015）Meteorological conditions preceding *Chattonella* bloom events in the Yatsushiro Sea, Japan, and possible links with the East Asian monsoon. *Fisheries Science* 81:123-130

Santander S. et al.（2013）Characterization of the Bacterial Community in the Sediment of a Brackish Lake with Oyster Aquaculture. *Biocontrol Science*. 18: 29-40

Santander S. et al.（2013）Effect of Magnesium Peroxide Biostimulation of Fish Feed-loaded Marine Sediments on Changes in the Bacterial Community Shift. *Biocontrol Science*. 18: 41- 51

Yang L. et al.（2012）Isolation and characterization of bacterial isolates algicidal against harmful Bloom-forming cyanobacterium *Microcystis aeruginosa*. *Biocontrol Science*. 17: 107-114

■ 執筆者紹介

籾井和朗（もみい・かずろう）（はしがき，第 1 章）

1955 年	宮崎県に生れる
1980 年	九州大学大学院農学研究科修了
1985 年	農学博士（九州大学）
現在	鹿児島大学教授　農水産獣医学域農学系
専門分野	水資源学
主要著書	地下水水質の基礎（共著，理工図書，2000 年），Handbook of Applied Hydrology Second Edition（共著，McGraw Hill Education，2016 年）

西村　知（にしむら・さとる）（第 2 章）

1963 年	京都府に生れる
1988 年	九州大学大学院経済学研究科修了
1996 年	博士（経済学）（九州大学）
現在	鹿児島大学教授　法文教育学域法文学系
専門分野	開発経済学

地頭薗　隆（じとうその・たかし）（第 3 章）

1958 年	鹿児島県に生れる
1981 年	鹿児島大学農学部卒業
1991 年	農学博士（九州大学）
現在	鹿児島大学教授　農水産獣医学域農学系
専門分野	砂防学
主要著書	砂防学（共著，朝倉書店，2019 年）

安達貴浩（あだち・たかひろ）（第 4 章）

1968 年	大分県に生れる
1998 年	九州大学大学院工学研究科修了
1998 年	博士（工）（九州大学）
現在	鹿児島大学教授　理工学域工学系
専門分野	沿岸環境学，水工学
主要著書	地球環境調査計測事典第 2 巻陸域編（共著，富士テクノサイエンス，2003 年），日本の河口（共著，古今書院，2010 年）

前田広人（まえだ・ひろと）（第 5 章）

1954 年	鹿児島県に生れる
1983 年	京都大学大学院農学研究科博士課程単位取得退学
1988 年	農学博士（京都大学）
現在	鹿児島大学教授　農水産獣医学域水産学系
専門分野	環境微生物学，分子微生物生態学
主要著書	水産増養殖と微生物（共著，恒星社厚生閣，1986 年），世界の湖（共著，人文書院，2001 年）

鹿児島の水を追いかけて
Following the Water in Kagoshima

発　行　日	2019年3月31日　第1刷発行	

編　　　者	鹿児島大学重点領域研究「水」グループ
装　　　丁	オーガニックデザイン
発　行　者	向原祥隆
発　行　所	株式会社　南方新社
	〒892-0873　鹿児島市下田町292-1
	電　　話　099-248-5455
	振替口座　02070-3-27929
	URL　http://www.nanpou.com/
	e-mail　info@nanpou.com

印 刷・製 本	株式会社 朝日印刷

定価はカバーに表示しています　乱丁・落丁はお取り替えします
ISBN978-4-86124-398-1　C3051
ⓒ鹿児島大学重点領域研究「水」グループ 2019, Printed in Japan